机电设备组装与调试研究

赵近梅　刘任露　王力群　著

陕西新华出版传媒集团
陕西科学技术出版社
————西安————

图书在版编目（ＣＩＰ）数据

机电设备组装与调试研究/赵近梅，刘任露，王力群著. -- 西安 ： 陕西科学技术出版社，2022.6
ISBN 978-7-5369-8417-2

Ⅰ．①机… Ⅱ．①赵… ②刘… ③王… Ⅲ．①机电设备－组装②机电设备－调试方法 Ⅳ．①TM92

中国版本图书馆 CIP 数据核字(2022)第 062888 号

机电设备组装与调试研究

（赵近梅　刘任露　王力群　著）

责任编辑　郭　勇　李　栋
封面设计　林忠平

出 版 者　陕西新华出版传媒集团　陕西科学技术出版社
　　　　　　西安市曲江新区登高路 1388 号陕西新华出版传媒产业大厦 B 座
　　　　　　电话（029）81205187　传真（029）81205155　邮编　710061
　　　　　　http://www.snstp.com

发 行 者　陕西新华出版传媒集团　陕西科学技术出版社
　　　　　　电话（029）81205180　81206809

印　　刷　陕西隆昌印刷有限公司
规　　格　787mm×1092mm　16 开
印　　张　10.5
字　　数　218 千字
版　　次　2022 年 6 月第 1 版
印　　次　2022 年 6 月第 1 次印刷
书　　号　ISBN 978-7-5369-8417-2
定　　价　68.00 元

前　言
PREFACE

随着人民生活水平的提高，人们对物质文化建设的需求也逐渐增多，不仅需求多样化，对于质量的要求也越来越严格，而与人们生活密切相关的建筑质量要求也在不断地提高。机电安装是建筑工程中非常重要的一项工程，机电安装的质量，直接影响到建筑的质量，机电安装是否能够正常运转对整个建筑项目起着非常重要的作用，甚至在一些工业生产中会大范围地使用机电设备。如何顺利且高质量地安装机电设备，已经得到越来越多重视。

现阶段，我国机械类工程建设迅猛发展，机械制造水平也不断提高，随之而来的是对各类机械设备的安装调试技能要求的日益严格。但是，由于机械设备安装的复杂性等原因，在实际的安装调试运行过程中，还是常常会出现机械设备故障问题。因此，采取措施改进和完善机械设备的安装、调试质量，保证机械设备安装工程的正常运行，具有重要的现实意义。

机电设备安装调试管理是机电设备投入使用的基础管理，它贯穿于设备寿命周期的全过程，直接决定了设备的基本使用寿命。良好的安装调试管理，将使设备获得坚实而稳定的良性运行条件，为企业提高经济效益打好基础；缺乏管理的安装调试，将无法获得准确的设备运行环境参数，无法令设备进入良性运行状态，必将造成设备的各种暗伤，导致寿命减少，造成投资浪费。因此，采用各种技术培训、技术措施，科学合理地进行安装调试，实现安全生产，提高企业经营管理的经济效益，是建立机电设备安装调试管理体系的根本所在。尤其是对于机电设备，不仅体积庞大、配套机组和附属设备多，而且技术点密集，安装调试也较复杂。因此，作为使用单位，必须建立科学合理的机电设备安装调试管理体系，让有关人员充分了解设备安装调试的管理程序与方法，才能正确地组织人力，有效利用物力，成功地完成机电设备的安装调试工作，为企业带来长期稳定的经济效益。

应按照机械设备安装验收有关规范要求，做好设备安装找平，保证安装稳固，减轻震动，避免变形，保证加工精度，防止不必要的磨损。安装前要进行技术交流，组织施工人员认真学习设备的有关技术资料，了解设备性能及安全要求和施工中应注意的事项。

设备试运转一般可分为空转试验、负荷试验、精度试验3种。

空转试验：是为了考核设备安装精度的保持性，设备的稳固性，以及传动、操纵、控制、润滑、液压等系统是否正常、灵敏可靠等有关参数和性能在无负荷运转状态下进行。一定时间的空负荷运转是新设备投入使用前的磨合，是必须进行的一个步骤。

负荷试验：试验设备在数个标准负荷工况下进行试验，在有些情况下可结合生产进行试验。在负荷试验中应按规范检查轴承的温升，考核液压系统、传动、操纵、控制、安全等装置是否达到出厂的标准，是否正常、安全、可靠。不同负荷状态下的试运转，也是新设备进行磨合所必须进行的工作，磨合试验进行的质量如何，对于设备未来的使用寿命影响极大。

精度试验：一般应在负荷试验后按说明书的规定进行，既要检查设备本身的几何精度，也要检查其工作（加工产品）的精度。这项试验大多在设备投入使用2个月后进行。

设备试运行后的工作：首先断开设备的总电路和动力源，然后作好设备的检查、记录工作；做好磨合后对设备的清洗、润滑、紧固，更换或检修故障零、部件并进行调试，使设备进入最佳使用状态；作好并整理设备几何精度、加工精度的检查记录和其他机能的试验记录；整理设备试运转中的情况（包括故障排除）记录。

机电设备安装常见技术问题表现：机电设备的螺栓联接问题、机电设备的振动问题、安装中超电流问题、电气设备安装中的问题等。

随着科学的不断发展，机电设备的性能也将逐渐得到更新和完善，在实际操作中如何正确掌握其性能以及安装调试的管理，还需要工作人员在工作中不断积累经验，掌握安装与调试的原理，对于机电设备存在故障能够准确地判断和排除，才能确保机电设备的正常运转。

目　录
CONTENTS

第一章　机电设备组装与调试概述 …………………………………… 1
　第一节　机电设备安装与调试概述 ……………………………… 1
　第二节　机电设备安装与调试的分类及内容 ………………… 11
　第三节　机电设备的安装工具与测量工具 …………………… 12
　第四节　机电设备的起重搬运工具 …………………………… 20
　第五节　机电设备安装与调试的相关规定 …………………… 24

第二章　机电设备的生产性组装 ……………………………………… 29
　第一节　机电设备安装的装配精度 …………………………… 29
　第二节　机械结构的装配 ……………………………………… 36
　第三节　气动系统的安装 ……………………………………… 77
　第四节　液压系统的安装 ……………………………………… 84
　第五节　电气系统的安装 ……………………………………… 102

第三章　机电设备的使用现场 组装和调试 ……………………… 120
　第一节　机电设备的现场安装条件 …………………………… 120
　第二节　机电设备的现场安装步骤 …………………………… 134
　第三节　数控机床的使用现场安装调试 ……………………… 145

第四章　机电设备组装与调试的 注意事项 ……………………… 149
　第一节　机械部分安装调试的注意事项 ……………………… 149
　第二节　数控机床液压系统的安装调试注意事项 …………… 152
　第三节　数控机床气动系统的安装调试注意事项 …………… 155

第四节　数控机床数控系统的安装调试注意事项 ……………………… 157

第五节　数控机床机电联调的注意事项……………………………… 160

第六节　数控机床安装环境的注意事项……………………………… 160

参考文献 ……………………………………………………… 162

第一章 机电设备组装与调试概述

第一节 机电设备安装与调试概述

一、机电设备的分类及特点

1. 机电设备分类方法与类型

（1）按设备与能源关系分类

这种分类适应科学研究需要，通常分为电工设备和机械设备。

电工设备一般分为电能发生设备、电能输送设备和电能应用设备。机械设备一般分为机械能发生设备、机械能转换设备和机械能工作设备。

（2）按部门需要分类

按原轻工部标准，将设备按工作类型分为10类（见表1-1）。

表1-1 机电设备按工作类型分类

序号	类别	序号	类别
1	金属切削机床	6	工业窑炉
2	锻压设备	7	动力设备
3	仪器仪表	8	电器设备
4	木工、铸造设备	9	专业生产设备
5	起重运输设备	10	其他设备

（3）按设备管理部门分类

根据设备管理部门的需要，将机电设备分为2项，即机械设备和动力设备。每大项又分若干个大类，每大类又分10个中类（见表1-2），每中类又分10个小类。例如，图1-1（a）、（b）所示的CA6140普通卧式车床和数控车床，分别属于机械设备分项中，0大类（金属切削机床）中的1中类（车床）和0中类（数控金属切削机床）；火车（见图1-2）和传送设备（见图1-3）分属于机械设备分项中，2大类（起重运输设备）中的4中类（运输车量）和3中类（传送机械）；轧钢机（见图1-4）属于机械设备分项中，1大类（锻压设备）中的4中类（辗压机）。

表1-2 设备分类与编号

分项 大类别 \ 编号	0	1	2	3	4	5	6	7	8	9
机械设备	0金属切削机床	数控金属切削机床	车床	钻床及镗床	研磨机床	联合及组合机床	齿轮及螺纹加工机床	铣床	刨、插、拉床	切断机床	其他金属切削机床
	1锻压设备	数控锻压设备	锻锤	压力机	铸造机	辗压机	冷作机	剪切机	整形机	弹簧加工机	其他冷作设备
	2起重运输设备		起重机	卷扬机	传送机械	运输车辆			船舶		其他起重运输设备
	3木工铸造设备		木工机械	铸造设备							
	4专业生产设备		螺钉专用设备	汽车专用设备	轴承专用设备	电线、电缆专用设备	电瓷专用设备	电池专用设备			其他专用设备
	5其他机械设备		油漆机械	油处理机械	管用机械	破碎机械	土建材料	材料试验机	精密度量设备		其他专用机械
动力设备	6动能发生设备	电站设备	氧气站设备	煤、保护气发生设备	乙炔发生设备	空气压缩设备	二氧化碳设备	工业泵	锅炉房设备	操作机械	其他动能发生设备
	7电炉设备		变压器	高、低压配电设备	变频、高频变流设备	电气检测设备	焊切设备	电气线路	弱电设备	蒸汽及内燃机设备	其他电器设备
	8工业炉窑		熔铸炉	加热炉	热处理炉（窑）	干燥炉	溶剂竖窑				其他工业炉窑
	9其他动力设备		通风采暖设备	恒温设备	管道	电镀设备及工艺用槽	除尘设备		涂漆设备	容器	其他动力设备

（a）CA6140普通卧式车床

（b）数控车床

图1-1 金属切削机床

图1-2　火车　　　　　　　图1-3　传送设备　　　　　　图1-4　轧钢机

2．机电类特种设备

特种设备是指涉及生命安全、危险性较大的承压、载入和吊运设备或设施，包括锅炉、压力容器（含气瓶）、压力管道、电梯、起重机、客运索道、大型游乐设施、场（厂）内机动车辆8个种类。其中锅炉、压力容器（含气瓶）、压力管道为承压类特种设备；电梯、起重机械、客运索道、大型游乐设施、场（厂）内机动车辆为机电类特种设备。特种设备包括其附属的安全附件、安全保护装置和与安全保护装置相关的设施。

（1）锅炉

锅炉是指利用各种燃料、电或者其他能源，将所盛装的液体加热到一定的参数，并承载一定压力的密闭设备，外观如图1-5所示。其范围规定为：容积大于或者等于30 L的承压蒸气锅炉；出口水压大于或者等于0.1 MPa（表压），且额定功率大于或者等于0.1 MW的承压热水锅炉；有机热载体锅炉。

（2）压力容器

压力容器指盛装气体或者液体，承载一定压力的密闭设备。其范围规定为：最高工作压力大于或者等于0.1 MPa（表压），并且压力与容积的乘积大于或者等于2.5 MPa·L的气体、液化气体和最高工作温度高于或者等于标准沸点的液体的固定式容器和移动式容器；盛装公称工作压力大于或者等于0.2 MPa（表压），并且压力与容积的乘积大于或者等于1.0 MPa·L的气体、液化气体和标准沸点等于或者低于60°C液体的气瓶；氧舱等。

（3）压力管道

压力管道指利用一定的压力，用于输送气体或者液体的管状设备，其范围规定为：最高工作压力大于或者等于0.1 MPa（表压）的气体、液化气体、蒸气介质或者可燃、易爆、有毒、有腐蚀性、最高工作温度高于或者等于标准沸点的液体介质，且公称直径大于25 mm的管道。

（4）电梯

电梯指动力驱动利用沿刚性导轨运行的箱体或者沿固定线路运行的梯级（踏步），进行升降或者平行运送人、货物的机电设备，包括载入（货）电梯、自动扶梯、自动人行道等。

（5）起重机械

起重机械指用于垂直升降，或者垂直升降并且水平移动重物的机电设备，其范围规定为：额定起重质量大于或者等于0.5 t的升降机；额定起重质量大于或者等于1 t，且提升高度大于或者等于2 m的起重机和承重形式固定的电动葫芦等。

（6）客运索道

客运索道指动力驱动，利用柔性绳索牵引箱体等运载工具运送人员的机电设备，包括客运架空索道（见图1-6）、客运缆车、客运拖牵索道等。

图1-5　燃油燃气锅炉

图1-6　客运架空索道

（7）大型游乐设施

大型游乐设施指用于经营、承载乘客游乐的机电设备。其范围规定为：设计最大运行线速度大于或者等于2m/s，或者运行高度距地面高于或者等于2m的载入大型游乐设施。

3．现代机电设备的特点

随着社会的发展和科技的进步，机电设备的具体结构、控制技术、设计及调试方法等已发生了较大变化。

（1）控制技术的改进。由于控制技术日趋成熟，单片机、PLC、工控机等控制核心部件已被各生产厂家广泛采用。传统的依靠中间继电器等组成的控制电路不再被看好，代之以控制更为灵活方便的控制程序，因为其控制和调试过程更为简化、可靠和人性化。

（2）机械结构的变化。由于控制的先进性，传统的机械结构已日益趋于简单化，原有的变速箱已被变频调速器和伺服电机的控制器所取代，从而大大降低了机械结构成本和调试成本。

（3）机电系统的多元化。很多机电设备系统，已不仅包括机械和电器部分，气动和液压系统也已越来越被各制造企业所广泛应用。

（4）结构的模块化。由于社会分工的细化，很多机械结构已规格化，可以方便地在市场上购买到，如滚珠丝杠、直线导轨、气动元件、液压元件等，作为标准化的部件，全世界已有较多公司可生产和供货。这不仅有利于缩短设计、制造和调试周期，而且可以提高产品的质量。

（5）检测传感技术已得到广泛应用。传感器和传感技术的发展使得高性能的自动化控制成为可能，并推动了控制技术的发展。目前较广泛采用的传感器有：与位置有关的传感器（位置传感器、速度传感器、加速度传感器）、温度传感器和湿度传感器等。

二、机电设备的安装与调试过程

1．基本概念

（1）装配

装配是指在设备制造过程中的最后一个环节，安装人员按照规定的技术要求，将零件或部件进行配合和连接，使之成为半成品或成品的过程。由若干零件配合、连接在一起，成为机械产品的某一组成部分（部件），这一装配工艺过程称为部件装配（简称部装），把零件和部件进一步装配成最终产品的过程称为总体装配（简称总装）。

部件进入装配是有层次的，通常把直接进入产品总装配的部件称为组件；直接进入组件装配的部件称为第一级分组件；直接进入第一级分组件装配的部件称为第二级分组件；依此类推。机械产品结构越复杂，分组件的级数就越多。

装配是整个机械制造工艺过程中的最后一个环节，装配工作对产品质量影响很大。常见的装配工作包括：清洗、联接、校正调整与配作、平衡、验收试验以及油漆、包装等内容。若装配不当，即使所有零件都合格，也不一定能装配出合格的、高质量的机械产品。

（2）零件

零件是指在装配中不能拆分的最小单元。如轴、螺钉等，在装配图中的标题栏中示出。

（3）合件

合件也称套件，是若干零件永久连接或连接在某个基准零件上的少数几个零件的组合，是最小的装配单元。合件由以下几种情况形成：两个以上零件，由不可拆卸的连接方法（如铆、焊、热压装配等）连接在一起；少数零件组合后还需要合并加工，如齿轮减速箱体与箱盖、柴油机连杆与连杆盖，都是组合后镗孔的，零件之间对号入座，不能互换；以一个基准零件和少数零件组合在一起。

（4）组件

组件是在一个基准零件上，安装上若干个零件及合件构成的，组件为车床的主轴组件。

（5）部件

部件是在一个基准零件上，装上若干组件、套件和零件而构成的。如车床的主轴箱、进给箱等。部件的特征是在设备中能够完成一定的、完整的功能。

（6）设备（也称产品）

全部装配单元结合后形成的整体。

2．机电设备安装的基本要求

机电设备安装必须按照国家相关规范要求和企业安装标准进行，并注意利用以下技术文件。

（1）机械装配图及零件图在进行机械部分装配时，应研究装配图及技术要求、零件间的配合关系、零件图的尺寸精度，选择正确的装配顺序，或依照装配工艺进行。

（2）电气原理图和接线图在进行电气部分的装配和调试时，应先读懂电气原理图，并依照接线图进行安装。

（3）气动原理图和液压原理图在进行气动系统和液压系统安装时，主要依据气动原理图和液压原理图中的元件型号、接口位置等进行，并注意系统压力值、连接部位的强度和密封性。

（4）调试程序框图及源程序资料

主要用于在机电设备调试时，提供调试步骤和方法等重要信息。

3．机电设备安装的组织形式

（1）单件生产的装配

单件生产的装配应用于单个制造的不同结构的机电产品或设备（该装配过程很少重复），也常用于十分复杂的小批量生产性装配。在此过程中，一个或一组装配工人在一个装配地点，完成从开始到结束的全部装配过程。该装配形式的特点是装配具有灵活性，但生产周期长，修配调整工作量大，互换性差。

（2）成批生产的装配

成批生产的装配用于在一定的时间内，成批制造相同或相似的机电设备或产品。成批生产时的装配一般分为部件装配和总装配，每个部件由一个或一组工人来完成，然后进行总体装配，其特点是效率较高。

（3）大量生产的装配

大量生产的装配应用于产品制造数量相当大，在每个工作地点长期完成某一个工序，装配工作需按严格的节拍进行。大量生产普遍采用装配生产线，如图1-7（a）为装配生产线的自动上料单元，图1-7（b）为汽车的自动焊接生产线，图1-7（c）为汽车装配生产线。

（a）装配生产线的自动上料单元 （b）自动焊接生产线　　　（c）汽车装配生产线

图1-7　装配生产线

大量生产中的装配，是将产品装配过程划分为部件、组件进行装配，使一个工序只由一个或一组工人来完成。特点是产品质量好、效率高、生产成本低，是一种先进的装配组织形式，现代汽车装配多采用此形式。

（4）使用现场的装配

使用现场的装配是指设备在生产厂家完成装配调试后，运输至使用现场后所需完成的装配过程。使用现场装配的内容如下：

①现场进行部分制造、调试和装配。

②与现场设备有直接关系的零件必须在工作现场进行装配。

4．机电设备装配的内容

设备的装配是设备制造过程中的最后一个环节，它包括装配、调整、检验和试验等工作。装配过程使零件、合件、组件和部件间获得一定的相互位置关系。

（1）选择保证装配精度的装配方法

机械零件的装配方法按现有生产条件、生产批量、装配精度等具体情况，分为互换装配法、选择装配法、修配装配法和调整装配法等。

（2）装配工艺规程的制订

装配工艺规程指用以指导装配工作的文件资料，包括装配工艺过程卡、工序卡和工艺守则等。按设计装配工艺规程需要依次完成的工作分为：研究产品装配图和装配技术条件，确定装配的组织形式，划分装配单元，确定装配顺序，绘制装配工艺系统图，划分装配工序，进行工序设计，编制装配工艺文件。

（3）机电设备的装配合理性

对于复杂的机电设备，在装配中应划分成几个独立的装配单元。这样不仅便于组织平行装配流水作业，缩短装配周期，也便于组织不同企业之间的协作生产，还便于组织专业化生产，以利于设备的维护修理和运输。在装配过程中应合理选用工具和装配方法，此外，还应尽量减少装配过程中的修配劳动量和机械加工劳动量，并考虑到设备的装配和拆卸问题。

三、机电设备安装与调试的发展方向

1．机电设备安装的发展历史

早期，零件的制造及装配和组装是通过人工来完成，生产效率低。在19世纪初，提出了互换性的要求，装配效率极大提高，使规模化生产成为可能。

到了20世纪初，提出了"公差"的概念，利用尺寸、形状和位置公差，使公差的互经换性得到充分保证，提高了产品的装配精度。

二战后，装配过程自动化得到充分发展。20世纪50年代，国外开始发展自动化装配技术；20世纪60年代发展数控装配机、自动装配生产线；20世纪70年代机器人已经应用在装配过程中。

自动装配包括装配过程的储运系统自动化、装配作业自动化、装配过程信息流自动化等内容。自动装配线的技术涵盖面很广，主要涉及拧紧技术、压装技术、测量技术、机器人技术、流体技术、激光技术、照相技术、电控技术、计算机控制和管理技术等，是多学科集成的系统技术。生产线集机械、电气、气动、液压等于一体，是典型的机电一体化产品。

近年来，研究应用了柔性装配系统（Flexible Assembling System，FAS）。该装配系统由控制计算机、若干工业机器人、专用装配机、自动传送线和传送线间的运载装置（包括无人搬运小车、滚道式传送器）等组成。

柔性装配系统分为模块积木式FAS和以装配机器人为主体的可编程序FAS，后者如图1-8所示。

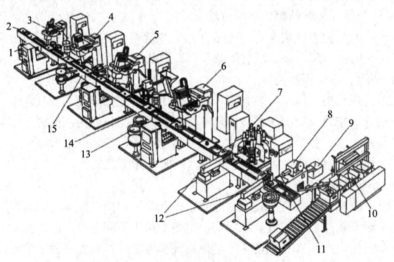

1为料仓；2为夹具提升装置；3，4，5，6为机器人；7为八工位回转试验机；8为贴标签机；
9为不合格品斗；10为包装机；11为夹具下降装置；12为气动机械手；13为振动料斗；
14为随行夹具；15为传送装置

图1-8　以机器人为主体的气体调节阀的柔性装配系统

柔性装配技术是一种能适应快速研制和生产及低成本制造要求、模块化可重组的先进装配技术，具有自动化、数字化、集成化的特点。柔性装配技术现已应用于飞机装配生产中，现代化装配正在由传统的刚性、固定、基于手工化的装配，向着自动化、可移动、数字化的柔性装配方向转变。

2．机电设备安装与调试发展的现阶段特征和人员需求

当今，世界高科技的竞争和突破正在创造着新的生产方式和经济秩序，高新技术渗透到传统产业，引起传统产业的深刻变革。机电设备安装与调试技术正是在这场新技术革命中产生的新兴领域。机电产品除了要求有精度、动力、快速性功能外，更需要自动化、柔性化、信息化和智能化，并逐步实现自适应、自控制、自组织、自管理，向智能化过渡。从典型的机电产品来看，如数控机床、加工中心、机器人和机械手等，都是机械类、电子类、电脑类、电力电子类等技术的集成融合。

随着行业结构的调整和优化组合，各行业的发展进入了一个新的快速发展阶段，机电设备安装与调试技术也得到了更为广泛的应用。机电设备生产企业、食品加工企业、家具厂、造纸厂、印刷厂、交通运输部门等都离不开机电设备的装配、安装与调试技术。近年来，社会对机电设备安装与调试专业技术人才的需求增长迅速，并对他们提出了更高的要求。装配技术的快速发展，必然需要大量懂得多学科知识的机电设备安装、调试、维修、检测、操作及管理的专业技术人员。

四、机电设备安装与调试的职业要求

1．职业面向

本专业的毕业生面向多种行业，主要从事机电设备的安装、操作、维修维护和管理工作。机电设备安装人员指在生产一线从事机电设备装配、安装、调试检测的工作人员；机电设备操作人员指利用机电设备进行生产或服务的工作人员；机电设备维修维护人员指从事机电设备的保养、维修的工作人员；机电设备管理人员指负责管理机电设备订货、运行和使用保养的人员。另外，本专业学生也可从事机电产品的营销和与技术服务等相关的工作。

2．机电设备安装专业的知识结构及能力结构

依照装配钳工等职业的国家职业标准，并结合综合能力培养的需要，确定本课程相应岗位的知识结构、能力结构和素质结构。

（1）知识结构

①具有机械基础知识、公差与配合知识、机械制图和CAD绘图知识等。

②掌握气动、液压的基本原理。

③掌握电工与电子技术、自动控制等基本知识。

④掌握机电设备的性能、结构、调试和使用的基本知识。

⑤掌握典型机电设备的结构与工作原理。

⑥掌握机电设备安装、维修、保养的基本知识。

⑦具有工程材料及其加工的初步知识。

⑧具有《机械设备安装工程施工及验收通用规范》、合同法等相关知识。

⑨具备计算机应用的基本知识及初步的设备技术经济分析及现代化设备管理等基本知识。

（2）能力结构

①具备机电设备装配、安装和调试能力；具备机修钳工、维修电工所必需的基本操作技能，例如，能按照装配的精度要求进行画线，钻、铰孔，攻螺纹等装配操作。

②具备判断设备故障的能力及维修能力。

③具有一般机电设备的操作能力。例如，能进行普通车床、数控车床等设备的操作。

④具有编制常用机电设备安装、施工方案和操作规程等技术文件的能力，例如，编制装配工艺规程等。

⑤具有简单机电设备改造的能力。

⑥具备正确使用相关手册、标准和与本专业有关技术资料的能力。

⑦具有利用工具书、查阅设备说明书及本专业一般外文资料的初步能力。

通过对本课程的学习，有利于毕业生面向相关行业，从事机电设备的安装、调试、保养、维修和设备管理等工作。

为配合机电设备安装与调试课程的学习，建议先进行以下课程的学习，如机械工程制图、公差配合与技术测量、机械制造技术、电工学与工业电子学、电气运行与控制、液压与气动原理等。并应配合相应的实训课程，如机械加工实习、机修钳工实习、维修电工实习、机电设备安装和调试实习、机电设备拆装和保养实习、机电设备大修或中修实习、毕业综合实习等。

（3）素质结构

①思想道德素质：具有正确的世界观、人生观和价值观，爱国守法、明礼诚信、团结友善、勤俭自强、敬业奉献。

②文化素质：具有一定的文化品位、审美情趣、人文素养和科学素质。

③职业素质：具有严格执行操作规范、吃苦耐劳的优良品质、严谨细致的工作作风、熟练的工作技能和科学的创新精神。

④身心素质：掌握体育运动和科学锻炼身体的方法与技能，养成良好的生活和体育锻炼习惯，具备一定体能，有良好的心理素质，能够经受困难和挫折，适应各种复杂多变的工作环境和社会环境。

3．相关技能证书

目前，人力资源和社会保障部对90个工种实行就业准入制度，其中与本课程有关的证书和工种有：装配钳工、锅炉设备装配工、电机装配工、机修钳工、锅炉设备安装工、电气设备安装工等。

我国将相应的职业资格证书分为5个等级：初级（五级）、中级（四级）、高级（三级）、技师（二级）和高级技师（一级）。具有相应等级证书的人员一般被称为初级工、中级工、高级工、技师和高级技师，其中技师为中级职称，高级技师为高级职称（也称副高）。

第二节　机电设备安装与调试的分类及内容

一、按机电设备安装与调试的内容分类

按机电设备安装与调试内容进行分类，可将其分为机械部分装配、电气部分安装和控制部分调试3个部分，其中机械部分的装配又包括气动系统和液压系统的安装与调试。机械部分的安装调试是从零件的生产完成开始的，由零件装配成部件，再由部件装配成完整的机械设备。电气部分的安装主要包括电器件的固定、布线和连接等。而控制部分主要是在机械和电气系统等安装之后进行。对于传统的机电设备，主要是调试由中间继电器等组成的逻辑电路，保证连接电路的正确性和可靠性；而现代的机电设备主要由单片机、单板机、PLC、工控机等控制，所以主要以调试程序为主，其控制和调试方式也更具灵活性。

二、按机电设备安装与调试的时间阶段分类

按机电设备安装与调试的时间先后秩序，可将机电设备安装与调试分为生产企业的装配安装与使用现场的安装调试2个部分。

1. 机电设备的生产现场安装

机电设备的生产现场安装是指在生产厂家进行的产品装配安装和调试，是从零件开始的装配、安装、调试到装箱的全过程。由于在此过程中，新加工出的零件为第一次装配，所以往往需要将零件进行反复地拆卸和安装，或进行修配等操作。在设备调整完成后，还需装配定位销等定位件，及对零件调整后的位置进行固定。

2. 机电设备的使用现场安装

机电设备使用现场安装是指将已包装好的机电设备运输至使用厂家后，进行卸货、搬运、拆箱，并安装到指定位置，调整水平和进行必要的外部连线后，进行调试、试运转、试生产，并完成产品验收的全过程。此过程可能包括部分装配工作。

第三节　机电设备的安装工具与测量工具

一、机电设备的安装工具及使用

1．手工工具

（1）常用螺钉旋具（螺丝刀）

螺钉旋具用于拧紧或松开头部带沟槽的螺钉，常用的螺钉旋具有以下2种：

①一字槽螺钉旋具（一字螺丝刀）。一字螺丝刀外形如图1-9（a）所示，可根据螺钉直径和沟槽宽度来选用。螺钉旋具的规格以刀体部分的长度来代表，常用规格有100 mm（4"）、150 mm（6"）、200 mm（8"）、300 mm（12"）及400 mm（16"）等（英寸可用in或"表示）。例如：一字螺丝刀4×200，表示刀头宽度为4 mm，杆长为200 mm的一字螺丝刀。

②十字槽螺钉旋具（十字螺丝刀）。十字螺丝刀的外形如图1-9（b）所示，用于拧紧头部带十字槽的螺钉，其优点是螺钉旋具不易从螺钉头槽中滑出。十字螺丝刀5×75，表示刀杆的直径为5 mm，杆长为75 mm的十字螺丝刀。

（a）一字槽螺钉旋具　　（b）十字槽螺钉旋具

图1-9　螺钉旋具

（2）常用扳手

扳手用来拧紧或松开六角形、正方形螺钉和各种螺母。扳手分通用、专用和特殊扳手3类。

①通用活扳手（活扳手）。活扳手的开口尺寸可以在一定范围内调节。使用活扳手时应使固定钳口受主要作用力（见图1-10），否则扳手易损坏。扳手手柄的长度不可任意接长，以免拧紧力矩太大而损坏扳手或螺钉。活扳手的效率不高，活动钳口容易歪斜，容易损坏螺母或螺钉的头部。其规格一般是指扳手的总体长度，如150 mm、200 mm、250 mm、300 mm等，其对应的英寸尺寸分别为6"、8"、10"、12"等。

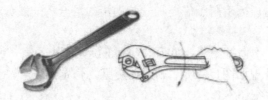

图1-10　活扳手

②专用扳手。专用扳手只能扳动一种规格的螺母或螺钉，根据用途不同分为下列几种。

呆扳手（板扳子）　呆扳手有单头和双头之分，双头呆扳手如图1-11所示。其规格指其开口尺寸，并与螺母或螺钉的对边距离的尺寸相对应。

梅花扳手　双梅花扳手的外形如图1-12所示，常用于操作受限制的场合。只需留有30°以上旋转角度的操作空间，就可以方便地使用。

双头呆扳手和双头梅花扳手的型号都是指扳手的开口尺寸，有4×5，5.5×7，8×10，9×11，12×14，14×17，17×19，19×22，22×24，30×32，32×36，41×46，50×55，65×75（mm×mm）等多种。比如M10六角螺母，其两个对边距离尺寸是17 mm，应该用开口为17的扳手（常说17的扳手）。常用螺母或螺栓对应的扳手为：M5-8，M6-10，M8-14，M10-17，M12-19，M14-22，M16-24。

套筒扳手　套筒扳手的外形如图1-13所示。套筒扳手是由一套尺寸不等的梅花套筒和手柄组成。使用时，弓形的手柄可连续转动，工作效率高。

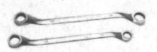

图1-11　呆扳手　　　　　图1-12　梅花扳手　　　　图1-13　成套的套筒扳手

钩扳手　钩扳手的外形和使用方法如图1-14所示。钩扳手主要用于旋转圆螺母，进行各种圆螺母的安装与拆卸。

内六角扳手　内六角扳手的外形如图1-15所示。内六角扳手用于拆装内六角螺钉，其型号是指扳手六方的对边尺寸。

图1-14　钩扳手　　　　　　　　　　　图1-15　内六角扳手

③力矩扳手。力矩扳手用于需控制安装力矩的场合，一般分为定力矩扳手和测力矩扳手。

测力矩扳手的使用情况如图1-16所示，用于旋紧力矩为某一值的场合。

定力矩扳手的外观如图1-17所示，用在旋紧力恒定的场合，通常其旋紧力可以在工作前很方便地进行调整。

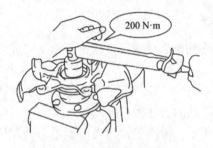

图1-16　测力矩扳手

图1-17　定力矩扳手

（3）钳子

①钢丝钳。使用钢丝钳一般是右手操作，将钳口朝内侧，便于控制钳切部位，用小指伸在两钳柄中间来抵住钳柄，张开钳头。电工常用的钢丝钳有160 mm、180 mm及200mm等多种规格（指钢丝钳的总体长度）。钢丝钳的齿口可用来紧固或拧松螺母；钢丝钳的刀口可用来剖切软电线的橡胶或塑料绝缘层，也可用来切剪电线、铁丝等。钢丝钳的绝缘塑料管耐压500V以上。

②尖嘴钳。尖嘴钳也称修口钳。尖嘴钳的头部尖细，适用于在狭小的工作空间中操作，是电工（尤其是内线电工）常用的工具之一；主要用来剪切线径较细的单股与多股线，以及给单股导线接头弯圈、剥塑料绝缘层等。尖嘴钳的绝缘柄耐压值为500 V，其规格以全长表示，有130 mm、160 mm、180 mm和200 mm共4种规格。

③挡圈钳。挡圈钳用于拆装弹性挡圈，其规格按长度有125 mm、175 mm、225 mm等多种规格。挡圈分为孔用挡圈和轴用挡圈两种，对应挡圈钳分为轴用挡圈钳和孔用挡圈钳。为便于挡圈的拆装，挡圈钳又分为直嘴式和弯嘴式。

④管子钳。是主要用于夹持生产及生活用管道的夹持式钳，其规格分为10″、12″、14″、18″、24″、36″、48″等。它由活动钳口和固定钳口组成，可根据管件的粗细相应调节夹持口的大小，其工作方式类似活动扳手。管子钳具有很大的承载能力。

⑤斜口钳。斜口钳又称断线钳，钳柄有铁柄、管柄和绝缘柄3种形式。电工用的绝缘柄斜口钳耐压为1000V。斜口钳是专供剪断较粗的金属丝、线材及电线电缆等的工具。

⑥剥线钳。剥线钳分为自动剥线钳、鹰嘴剥线钳等种类，是用来剥去6 mm²以下电线端部塑料或橡胶绝缘的专用工具。自动剥线钳由钳头和手柄两部分组成。钳头部分由压线口和切口组成，分别有直径0.5～3 mm等多个规格切口，以适应不同规格的线芯。在使用时，电线必须放在大于其线芯直径的切口上剥，否则会切伤线芯。

2．电动工具

（1）电钻

电钻是利用电能作动力的钻孔机具，是电动工具中的常规产品，也是需求量最大的电动工具类产品，每年的产销数量占中国电动工具的35%。电钻主要规格有4、6、8、10、13、16、19、23、32、38、49（mm）等，数字指在抗拉强度为390 N/mm^{2}的钢材上钻孔的钻头最大允许直径。由于有色金属、塑料等材料较软，其最大钻孔直径可比原规格大30%～50%。

电钻一般分为3类：手电钻（见图1-18）、冲击钻和锤钻（电锤）。其中，冲击钻有钻和冲击两种工作方式，主要使用硬质合金钻头，产生旋转冲击运动。能在砖、砌块、混凝土等脆性材料上钻孔，效果不及锤钻。锤钻可在任何材料上钻洞，使用范围较广。与电镐不同，锤钻既能钻且又有较强力的锤击，而电镐则只做锤击并不能钻。

（2）电动扳手

电动扳手一般分为以下3种：

①定扭矩电动扳手。定扭矩电动板手是装配螺纹及螺栓的机械化施工工具，具有自动控制扭矩的功能。

②扭剪型电动扳手。扭剪型电动板手是扭剪型螺栓进行拧紧作业的必备工具。

③冲击电动扳手（见图1-19）。其工作头采用冲击式结构，反力矩小，降低了劳动强度。

图1-18　手电钻

图1-19　冲击电动扳手

（3）电动角向磨光机

电动角向磨光机也称角磨机，装上磨光片可用于磨光，装上切割片也可用于切割。

3．装配类气动工具

装配类气动工具包括气动扳手（见图1-20）、气动螺刀（见图1-21）、气动研磨机、气锤等。

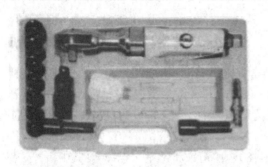

图1-20　气动扳手　　　　　　　　　　　　　图1-21　气动螺刀

4．装配类液压工具

装配类液压工具包括各种用于装配的液压动力安装工具，如液压扭矩扳手等。此类工具的出力或力矩较气动类工具大，原因在于液压系统的压强远远大于气动系统的压强。

二、机电设备的测量工具及使用

1．钢直尺

钢直尺是用来测量直线尺寸（如长、宽、高）和距离的一种量具，如图1-22所示。钢直尺用薄的不锈钢板制成，其规格有150 mm、300 mm、500 mm、1000 mm、1500 mm、2000 mm共6种。使用钢直尺测量时，钢直尺的零线应与被测量工件的边缘相重合。读数时，视线应与钢直尺的尺面相垂直，避免因视线歪斜而造成读数误差。

2．塞尺

塞尺由一些不同厚度的薄钢片组成，每一片上都标有厚度数值，如图1-23所示。塞尺是用来检验两结合面之间间隙的一种精密量具，常用来测量装配后零件之间的间隙及直线度等误差。图示为检查行星齿轮和行星架之间的间隙。

使用塞尺时，要将塞尺表面和被测量的间隙内部清理干净，选择适当厚度的塞尺插入间隙内进行测量，用力不要过大，松紧要适宜。如果没有合适厚度的塞片，可同时组合几片（一般不超过3片）来测量，根据插入塞尺的厚度即可得出间隙的大小。

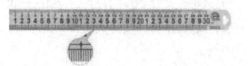

前行星齿轮

图1-22　钢直尺　　　　　　　　　　　　图1-23　塞尺

3．铸铁平尺

铸铁平尺（也称平尺）用于检验工件的直线度和平面度。检验的方法有光隙法、直线偏差法和斑点法。常用的铸铁平尺有I字、II字形平尺和桥形平尺3种，如图1-24所示。I字、II字形平尺用于检验狭长导轨平面的直线度，也可作为过桥来检验两导轨平面的平行度等。桥形平尺不仅可检查狭长导轨平面的直线度，还可作为刮削狭长导轨面时涂色研点（将被刮削平面涂色后与平面度较高的基准研具进行对研，然后找出高点，进行人工铲刮）的基准研具。

4．90°角尺

90°角尺分为宽座角尺、刃口形角尺和铸铁角尺等，如图1-24所示。90°角尺一般用于检验工件的垂直度及机床纵、横向导轨相对位置的垂直度等，也可以用来画线。90°角尺由长边和短边构成，长边的前后面为测量面，短边的上下面为基面。测量时，将90°角尺的一个基面靠在工件的基准面上，使一个测量面慢慢地靠向工件的被测表面，根据透光间隙的大小，来判断工件两邻面间的垂直情况。如果需要知道误差的具体数值，可通过用塞尺测量出工件与角尺基面间的间隙后，计算得到角度的大小。90°角尺是一种精密量具，使用时要特别小心，不要使角尺的尖端、边缘与工件表面相磕碰。90°角尺的规格表示其两个直角边的长度，如90°刃口形角尺的规格有50×32、63×40、80×50、100×63、125×80、160×100、200×125（mm×mm）。

　（a）90°宽座角尺　　　　　　（b）90°刃口形角尺　　　　　（c）铸铁角尺

图1-24　90°角尺

5．游标卡尺

游标卡尺是用于测量工件长度、宽度、深度和内外径的一种精密量具，其构造由主尺、副尺等组成。游标卡尺用膨胀系数较小的钢材制成，内外测量卡脚经过淬火和充分的时效处理。游标卡尺测量范围有0～125 mm，0～150 mm，0～200 mm，0～300 mm，0～500 mm，0～1000 mm共6种。

在使用游标卡尺前，首先要检查尺身与游标的零线是否对齐，并用透光法检查内外测量爪的测量面是否贴合。如果透光不均匀，说明测量爪的测量面已经磨损，这样的卡尺不能测量出精确的尺寸。

使用游标卡尺时，切记不可在工件转动时进行测量，亦不可在毛坯和粗糙表面上测量。游标卡尺用完后，应拭擦干净，长时间不用时，应涂上1层薄油脂，以防生锈。

6. 外径千分尺

外径千分尺用于测量精密工件的外形尺寸，通过它能准确读出0.01mm，并能估读到0.001mm。使用外径千分尺前，应先将校对量杆置于测板和测微螺杆之间，检查它的固定套管中心线与微分筒的零线是否重合，如不重合，应及时进行调整。测量时，当两测量面接触工件后，测力装置棘轮空转，并发出"轧轧"声时，此时才可读尺寸。如果受条件限制，不能在测量工件的同时读出尺寸，可以旋紧锁紧装置，取下外径千分尺后读出尺寸。

使用外径千分尺时，不得强行转动微分筒，要尽量使用测力装置。千万不要把外径千分尺先固定好再用力向工件上卡，这样会损伤测量表面或撞弯测微螺杆。外径千分尺用完后，要擦净后再放入盒内，并定期检查校验，以保证其精度。

7. 量块

量块原称块规，外观如图1-25所示，是极精密的量具。量块常用来测量精密零件或校验其他量具与仪器，也可用于调整精密机床。在技术测量上，量块是长度计量的基准。

量块由特种合金钢制成，并经过淬火硬化和精密机械加工。量块的尺寸精度达到0001～0.0005mm。量块一般成套制作，装在特制的木盒内，为了减少量块的磨损，每套量块中都备有保护量块的护块。测量时，为了适应不同尺寸的需要，常将量块叠接使用，但是叠接的量块越多，误差越大。因此在组合使用时，量块越少越好，最好不要超过4块。在叠接量块时要特别小心，否则，不仅量块贴合不牢，而且会很快磨损。测量完毕后，应立即拆开量块，洗擦干净，涂上防护油，放在木盒的格子内。

8. 正弦规

正弦规用于检验精密工件和量规的角度。在机床上加工带角度的零件时，也可用其进行精密定位。正弦规的测量结果必须通过计算得出。

正弦规由精密的钢质长方体和2个精密圆柱体组成。2个圆柱体的直径相等，其中心连线与长方体的平面互相平行。在测量时，将正弦规放在平板上，圆柱的一端用量块组垫高，然后用百分表检验，如图1-26所示。

图1-25　量块

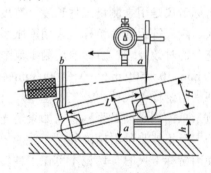

图1-26　正弦规

9. 水平仪

水平仪是检验平面对水平或垂直位置偏差的仪器，主要用于检查零件平面的平面度、机件相互位置的平行度和设备安装的相对水平位置等。

（1）水平仪的种类

机械设备安装工作中常用的水平仪分为条式水平仪和框式水平仪2种，分别如图1-27（a）、（b）所示。目前，电子水平仪也较为常用，如图1-27（c）所示。

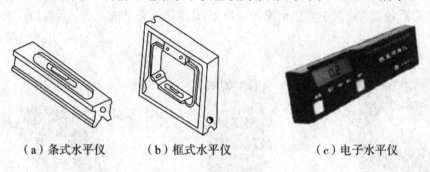

（a）条式水平仪　　（b）框式水平仪　　（c）电子水平仪

图1-27　水平仪

条式水平仪：它由V形的工作底面和与工作底面平行的水准器两部分组成。当水准器的底平面准确地处于水平位置时，水准器的气泡正好处于中间位置。当被测平面稍有倾斜时，水准器的气泡就向高的一方移动，在水准器的刻度上可读出两端高低的差值。刻度值为0.2 mm/m的条式水平仪，表示气泡每移动一格时，在被测长度为1 m的两端上，高低相差0.2 mm。

框式水平仪：它有4个相互垂直的都是工作面的平面，并有纵向、横向2个水准器。因此，它除了具有条式水平仪的功能外，还能检验机件的垂直度。常用框式水平仪的刻度值为0.2 mm/m和0.05 mm/m。

（2）水平仪的技术规格

水平仪按刻度值可分为3组，见表1-3。每组用于测量不同的直线斜度或角度。

表1-3　水平仪的组别及刻度值（JB3239—1983）

组别	I	II	III
刻度值/（mm•m^{-1}）	0.02	0.03～0.05	0.06～0.15
规格系列尺寸/mm	100，150，200，250，300		

（3）水平仪的使用方法

测量前，须将被测量表面与水平仪工作表面擦干净，以免测量不准或损坏工作表面。

测量机床导轨的水平度时，一般将水平仪在起端位置时的读数作为零位，然后依次移动水平仪，记下每一位置的读数。根据水准器中的气泡移动方向与水平仪的移动方向来评定被检查导轨面的倾斜方向。如方向一致，读数为正值，它表示导轨平面向上倾斜；如方向相反，则读数为负值，表示导轨平面向下倾斜。

为了测量得准确，找水平时，可在被测量面上原地旋转180°，再测量1次，利用2次读数的结果进行计算，从而得出数据。

11．万用表

万用表分为指针式万用表和数字万用表2种，外形分别如图1-28（a）、（b）所示。万用表是用来测量交流或直流电压、电阻、直流电流等的多用仪表，是电工和无线电制作的必备工具。其主要由电流表（表头）、量程选择开关、表笔等组成。表笔如图1-28（c）所示。

（a）指针式万能表 　　　　（b）数字万能表 　　　　（c）表笔

图1-28　万用表

指针式万用表在使用之前，应先进行"机械调零"，即在没有被测电量时，使万用表指针指在零电压或零电流的位置上。在使用万用表的过程中，不能用手去接触表笔的金属部分，这样一方面可以保证测量的准确性，另一方面保证了人身安全。在测量某一电量时，不能在测量的时候换档，尤其在测量高电压或大电流时更应注意，否则会使万用表毁坏。如需换挡，应先断开表笔，换挡后再去测量。万用表在使用时应水平放置，以免造成误差，在使用时还要注意避免外界磁场对万用表的影响。万用表使用完毕，应将转换开关置于交流电压的最大挡。如果长期不使用，还应将万用表内部的电池取出来，以免电池腐蚀表内其他器件。

第四节　机电设备的起重搬运工具

一、常用的起重、运输方法

机电设备常用的起重方法较多，一般是利用千斤顶、手动葫芦、自行式起重机、桥式起重机、桅杆式起重机等进行起重。

机电设备常用的运输方法主要有陆地运输、轮船运输和空中运输等。其中以陆地运输较为广泛采用，其包括汽车运输和火车运输等，汽车运输以其灵活性的特点被各厂家看好，通常将此运输方式称为空车配货。

二、起重机械

起重机械是完成起重作业的重要装备，是提升工作效率、减轻劳动强度、保证生产顺利进行和确保安全的重要手段。起重机械分为简单起重机械和起重机2大类，具体分类如图1-29所示。

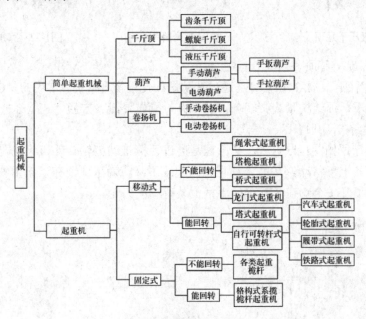

图1-29　起重机械的分类

起重设备的选用应重点参考施工现场已有的起重设备、现场的施工条件、所需吊装设备的重量及外形尺寸等因素，并在考虑工作效率的前提下减少使用起重机械的种类和数量。

1. 千斤顶

千斤顶是一种用较小的力即可使重物升高或降低的起重机械。由于其结构简单、使用方便的特点，在设备安装工作中广泛应用。千斤顶分为3种类型：液压千斤顶、螺旋千斤顶和齿条千斤顶，前2种日常应用较为广泛。

（1）液压千斤顶

液压千斤顶是利用液压泵将液压油压入油缸内，推动活塞将重物顶起。安装工作中常用的是YQ型液压千斤顶，如图1-30所示。它是一种手动式千斤顶，效率高，重量小，搬运和使用均很方便，其分为固定式和移动式两种。

由液压千斤顶派生的起重机械有升降平台千斤顶（见图1-31）、手动插车（见图1-32）和自行式插车（见图1-33）等。

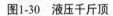

图1-30　液压千斤顶　　　　图1-31　升降平台　　　　图1-32　手动插车

（2）螺旋千斤顶

螺旋千斤顶如图1-34所示，是通过转动螺杆使重物升降的。常用的是Q型螺旋千斤顶，这种千斤顶结构紧凑、轻巧，效率高，操作灵活、方便。

（3）齿条千斤顶

齿条千斤顶如图1-35所示，其原理是通过手柄带动齿轮转动，齿轮与齿条啮合传动并使齿条上下移动，从而带动重物升起或下降。为了保证在顶起重物时能随时制动，保证顶升安全，在千斤顶的手柄上装有制动齿轮。

图1-33　自行式插车图　　　　图1-34　螺旋千斤顶图　　　　图1-35　齿条千斤顶

2. 葫芦

葫芦一般分为手拉葫芦和电动葫芦2种。

（1）手动葫芦

手动葫芦是一种使用简单、携带方便的手动起重机械，也称"环链葫芦"或"倒链"，如图1-36所示。其适用于小型设备和货物的短距离吊运，起重量一般不超过10 t采用棘轮摩擦片式单向制动器，在载荷下能自行制动，棘爪在弹簧的作用下与棘轮啮合，保证制动器安全工作。

（2）电动葫芦

电动葫芦常与吊臂等连接使用，形成摇臂吊等产品，如图1-37所示。

3.卷扬机

卷扬机分为手动卷扬机和电动卷扬机两种。手动卷扬机也称手摇绞车，按牵引力分为0.5 t、1 t、2 t、3 t、5 t、8 t、10 t等多种。电动卷扬机是平面和垂直升吊作业中的主要吊装机械，由于起重量大、速度快、操作方便，所以广泛应用于打桩、装卸、拖拉或起重机和升降机的驱动装置，按滚筒形式分为单筒和双筒两种，按速度分为快速和慢速两种，按传动形式分为可逆式和摩擦式两种，按牵引力分为0.5 t、1 t、2 t、3 t、5 t、10 t和15t等多种。

4. 自行可转杆式起重机

自行可转杆式起重机具有独立的动力装置，能原地回旋360°，机动灵活性大，调动方便，能在整个施工场地或车间内承担大部分起重工作，所以在安装工程中经常使用。常用的自行可转杆式起重机有：汽车式起重机、轮胎式起重机、履带式起重机、铁路式起重机等。

（1）汽车式起重机

如图1-38所示，汽车式起重机是装在标准的或特制的汽车底盘上的起重设备，它多用于露天装卸各种设备与物料，其行驶驾驶室与起重操纵室分开设置。

图1-36　手动葫芦　　　　图1-37　摇臂吊　　　　　　图1-38　汽车式起重机

（2）轮胎式起重机

如图1-39所示，轮胎式起重机是装在特制的轮胎底盘上的起重设备，它主要用于建筑工程中。起重机的工作状态如图1-40所示。

（3）履带式起重机

如图1-41所示，履带式起重机操作灵活，使用方便，在一般平整坚实的道路上即可行驶和工作，它是安装工程中的重要起重设备。

（4）铁路式起重机

如图1-42所示，铁路式起重机主要用于机车车辆颠覆和脱轨事故救援，亦可用于吊运建筑构件及重型货物。

图1-39 轮胎式起重机　　　图1-40 起重机的工作状态　　图1-41 履带式起重机

5．桥式起重机

桥式起重机如图1-43所示，是横架于车间、仓库和料场上空进行物料吊运的起重设备。由于其两端坐落在高大的水泥柱或者金属支架上，形状似桥而得名。桥式起重机的桥架沿铺设在两侧高架上的轨道纵向运行，可以充分利用桥架下面的空间吊运物料，不受地面设备的阻碍，它是使用范围最广、数量最多的一种起重机械。

图1-42 铁路式起重机　　　　　　　　图1-43 桥式起重机

第五节　机电设备安装与调试的相关规定

一、机电设备安装与维修的标准体系

1．按管理层次分类

（1）国家标准GB

举例：《机械设备安装工程施工及验收通用规范》（GB50231—2009）。

（2）行业标准AQ、MT、LD、JB、JGJ等

举例：《钢结构高强度螺栓连接的设计施工及验收规程》（JGJ82—1991）。

（3）地方标准DG、DB等

举例：《建设工程施工安全监理规程》（KDG/TJ08—2035—2008）。

《北京市建设工程安全监理规程》（KDB11/382—2006）。

（4）企业标准QB

企业标准由企业制定，由企业法人代表或法人代表授权的主管领导批准、发布。企业标准一般以"Q"作为企业标准的开头。

企业购买大型机电设备一般需双方签订购货合同，并依照《合同法》执行。《合同法》第六十二条指出，当事人就有关合同内容约定不明确，依照本法第六十一条的规定仍不能确定的，适用下列规定：

①质量要求不明确的，按照国家标准、行业标准履行；没有国家标准、行业标准的，按照通常标准或者符合合同目的的特定标准履行。

②价款或者报酬不明确的，按照订立合同时履行地的市场价格履行；依法应当执行政府定价或者政府指导价的，按照规定履行。

③履行地点不明确，给付货币的，在接受货币一方所在地履行；交付不动产的，在不动产所在地履行；其他标的，在履行义务一方所在地履行。

④履行期限不明确的，债务人可以随时履行，债权人也可以随时要求履行，但应当给对方必要的准备时间。

⑤履行方式不明确的，按照有利于实现合同目的的方式履行。

⑥履行费用的负担不明确的，由履行义务一方负担。

2．按属性分类

机电设备安装的相关标准分为强制性标准和推荐性标准。

1）强制性标准

（1）2000年3月，建设部组织150名专家对700多项工程建设标准进行摘录，《强条》包括城乡规划、城市建设、工业电器等15个部分，内容直接涉及人民生命财产安全，确保公共利益、环境保护及节约能源等。

例如：《强条》工业建筑部分中，《第三篇工业设备安装》涉及通用设备、专用设备、电气设备、自动化仪表设备安装工程施工及验收等内容。

（2）《强条》是参与建设活动各方执行工程建设强制性标准和政府对执行情况实施监督的依据。

（3）不执行《强条》，就是违法并受相应处罚。

例如：《建设工程安全生产管理条例》第十四条中规定：工程监理单位应当审查施工组织设计中的安全技术措施或者专项施工方案是否符合工程建设强制性标准。

工程监理单位和监理工程师应当按照法律、法规和工程建设强制性标准实施监理，并对建设工程安全生产承担监理责任。

2）推荐性标准

推荐性标准又称非强制性标准或自愿性标准。是指生产、交换、使用等方面，通过经济手段或市场调节而自愿采用的一类标准。

（1）标准的特点如下：

①不具有强制性，任何单位均有权决定是否采用。

②违犯这类标准，不构成经济或法律方面的责任。

③应当指出的是，推荐性标准一经接受并采用，或各方商定同意纳入经济合同中，就成为各方必须共同遵守的技术依据，具有法律上的约束性。

（2）推荐性标准在以下的情况下必须执行：

①法律法规引用的推荐性标准，在法律法规规定的范围内必须执行。

②强制性标准引用的推荐性标准，在强制性标准适用的范围内必须执行。企业使用的推荐性标准，在企业范围内必须执行。

③经济合同中引用的推荐性标准，在合同约定的范围内必须执行。

④在产品或其包装上标注的推荐性标准，则产品必须符合。

⑤获得认证并标示认证标志销售的产品，必须符合认证标准。

二、《特种设备安全监察条例》的内容和规定

1．2009年5月1日实施的新《条例》集中修改了两个方面的内容

①增加了关于高耗能特种设备节能监管的规定。

②增加特种设备事故分级和调查的相关制度。此外，责任下放：县级以上地方负责特种设备安全监督管理的部门对本行政区域内特种设备实施安全监察。

将场（厂）内专用机动车辆、移动式压力容器充装、特种设备无损检测的安全监察明确纳入条例调整范围，鼓励实行特种设备责任保险；进一步完善法律责任，加大对违法行为的处罚力度等。新《条例》共修改变动61条，其中新增加的14个条款，删除3个条款，修改了44个条款。

2．赋予了新内涵，明确了新目标

原《特种设备安全监察条例》于2003年6月1日实施。随着我国经济社会的快速发展，特种设备数量迅猛增长，从2002年底到2008年底，特种设备数量从292万台增加到605万台，翻了1倍多。其安全管理问题和节能管理问题日益突出。

3．新《条例》修改具有的重要意义

①确立了特种设备安全性与经济性相统一的新工作目标。

②完善了特种设备全过程、全方位安全监察的基本制度。

③指明了特种设备安全监察工作改革创新的方向。

例如，在下放行政许可项目和分级管理方面，新《条例》第102条规定，国家质检总局可以根据工作需要，将行政许可下放到省级质监部门实施，方便行政相对人办理行政许可事项。

质检总局将把现行委托省级局实施的特种设备许可项目，全部下放省级质监局

自主实施。

被依法授权的省级质监局将以自己名义实施特种设备行政许可，并对实施的行政许可行为后果承担法律责任。

在事故分类、分级方面，新《条例》突破了安全生产事故分类分级的一般原则，不仅以死亡人数和直接经济损失因素来划分事故等级，而且还结合特种设备事故的特殊性，按照设备中断运行时间长短、高空滞留人数、转移人员数量、设备爆炸或者倾覆等因素综合划分事故等级。

三、机电设备安装工程监理的主要相关标准规范

（1）《机械设备安装工程施工及验收通用规范》（GB 50231—2009）

自2009年10月1日起施行。此规范适用于各类机械设备安装工程施工及验收的通用性部分。由中国机械工业联合会主编，中华人民共和国住房和城乡建设部批准。

（2）《锻压设备安装工程施工及验收规范》（GB 50272—2009）

自2009年10月1日起施行。此规范适用于机械压力机、液压机、自动锻压机、空气锤、锻机、剪切机、弯曲校正机的安装工程施工及验收。

（3）《锅炉安装工程施工及验收规范》（GB 50273—2009）

自2009年10月1日起施行。此规范适用于工业、民用、区域供热额定工作压力小于或等于3.82MPa的固定式蒸气锅炉，额定出水压力大于0.1MPa的固定式热水锅炉和有机热载体炉安装工程的施工及验收。

（4）《输送设备安装工程施工及验收规范》（GB 50270—2010）

此规范适用于带式输送机、板式输送设备、垂直斗式提升机、螺旋输送机、辊子输送机、悬挂输送机、振动输送机、埋刮板输送机、气力输送设备、矿井提升机和绞车安装工程的施工及验收。

（5）《破碎、粉磨设备安装工程施工及验收规范》（GB 50276—2010）

自2010年12月1日起施行。此规范适用于矿石、煤炭、耐火材料、建筑材料、化工材料、粮食、饲料和药材用的破碎、粉磨设备安装工程的施工及验收。

（6）《起重设备安装工程施工及验收规范》（GB 50278—2010）

自2010年12月1日起施行。此规范适用于电动葫芦、梁式起重机、桥式起重机、门式起重机和悬臂起重机安装工程的施工及验收。

（7）《制冷设备、空气分离设备安装工程施工及验收规范》（GB 50274—2010）

自2011年2月1日起施行。此规范是对制冷设备、空气分离设备安装要求的统一技术规定，以保证该设备的安装质量和安全运行，同时将不断提高工程质量和促进安装技术的不断发展。

（8）《铸造设备安装工程施工及验收规范》（GB 50277—2010）

自2011年2月1日起施行。此规范适用于通用的砂处理设备、造型制芯设备、落砂设备、清理设备、金属型铸造、熔模和熔炼设备安装工程的施工及验收。

（9）《风机、压缩机、泵安装工程施工及验收规范》（GB 50275—2010）

自2011年2月1日起施行。此规范适用于风机、压缩机、泵安装工程的施工及验收。

（10）《锅炉安全技术监察规程》（TSG G0001—2012）

自2013年6月1日起施行。本规程适用于符合《特种设备安全监察条例》要求的固定式承压蒸汽锅炉、承压热水锅炉、有机热载体锅炉等。对此类锅炉的设计、制造、安装调试、使用、检验、修理和改造做出了相关规定。

（11）《压力管道安全技术监察规程》（TSG D0001—2009）

自2009年8月1日起施行。此规程适用于同时具备最高工作压力大于或者等于0.1MPa、公称直径大于25mm、输送介质为气体、蒸气、液化气体、最高工作温度高于或者等于其标准沸点的液体或者可燃、易爆、有毒、有腐蚀性的液体等条件的工艺装置、辅助装置以及界区内公用工程所属的工业管道。

（12）《建设工程监理规范》（GB 50319—2013）

自2014年3月起施行。此规范适用于建设工程的监理工作。

（13）《设备工程监理规范》（GB/T 26429—2010）

自2011年7月1日起施行。此标准规定了设备监理单位提供设备工程监理服务的基本要求，适用于设备监理单位的设备工程监理活动。

（14）《机械设备安装工程术语标准》（GB/T50670—2011）

自2011年10月1日起施行。此标准适用于金属切削机床、锻压设备、风机、压缩机、泵、制冷设备、空气分离设备、起重设备、锻造设备、破碎设备、粉磨设备、输送设备、锅炉等的安装工程。

第二章　机电设备的生产性组装

第一节　机电设备安装的装配精度

生产性安装是相对于使用现场安装而言的，是指在生产企业完成的装配、安装和调试工作。一般指从零件装配到整体设备安装调试完成的全过程，如车床等在出厂前的装配生产。

在设备装配前需认真研究设备装配图（总装图和部装图）的内容，分析装配精度和装配技术要求等，在装配图的技术要求中对装配过程和结果作出相关规定。在一级圆柱齿轮减速器的装配图中，对减速器的装配和调试要求作出了明确规定。为便于装配，可在装配工艺文件中提供产品的实体图，一级圆柱齿轮减速器的外观图和爆炸图。在产品的装配过程中，企业应根据产品的生产批量、机械结构复杂程度及产品外形尺寸等来制订相应的装配工艺规范，即装配工艺规程。用装配工艺规程来指导装配生产过程，便于提高产品的装配质量和装配效率。

在机电设备安装前，必须保证零件的精度符合图纸要求，否则不但会给装配带来很大困难，有时甚至无法装配出合格产品。另外，在零件精度符合要求的前提下，如果不能很好地制订装配工艺、选定装配方法，也会影响装配的质量和效率，甚至无法达到装配的质量要求。

一、尺寸链

尺寸链是指由一些相互联系的尺寸，按一定顺序连接成的一个封闭尺寸组。尺寸链常用于保证零件的加工尺寸和设备的安装精度，尺寸链一般分为工艺尺寸链和装配尺寸链等。工艺尺寸链是指零件加工过程中形成的尺寸链，其全部组成环为同一零件的设计尺寸所形成的尺寸链。以下重点讨论装配尺寸链。

装配尺寸链是指在产品和设备装配时形成的尺寸链，其全部组成环为不同零件的设计尺寸所形成。装配尺寸链由组成环（包括补偿环）和封闭环组成。

1．封闭环

在加工、检测和装配中，装配封闭环是最后得到或间接形成的尺寸。在装配尺寸链中，封闭环指装配完成后，形成的最后一环，一般指需要保证的带有公差的尺寸，如齿轮箱装配后，齿轮允许的轴向少量移动量。

2．组成环

在装配尺寸链中，除封闭环之外的尺寸称为组成环，其分为增环和减环。如果某一组成环的尺寸增加（减小）会带来封闭环的尺寸同样增加（减小），就称其为增环；如果某一组成环的尺寸增加（减小）使封闭环的尺寸减小（增加），就称其为减环。

3．补偿环

在装配中，为了保证封闭环公差，经常采用垫圈和垫片等作为尺寸补偿件，其厚度被称为补偿环。补偿环也是组成环的一种，是预先选定的一个组成环。

二、装配尺寸链

1．装配精度

（1）装配精度

装配精度是指装配后的质量指标与在产品设计时所规定的技术要求相符合的程度，装配质量必须满足产品的使用性能要求。装配精度不仅影响机器或部件的工作性能，而且影响使用寿命。装配精度主要包括尺寸精度、位置精度、相对运动精度和表面接触精度等。

①尺寸精度。尺寸精度包括配合精度和距离精度。配合精度也称配合性质，不仅指零件装配时的间隙、过渡和过盈的关系，还指其配合的公差。

②位置精度。位置精度是指相关零件的平行度、垂直度和同轴度等方面的要求。例如：齿轮减速器的各传动轴间的平行度（或垂直度），台式钻床主轴对工作台台面的垂直度等。

③相对运动精度。相对运动精度是指产品中有相对运动的零、部件间在运动方向上和运动位置上的精度。例如滚齿机滚刀与工作台的传动精度。

④表面接触精度。表面接触精度是指两配合表面、接触表面和连接表面间达到规定的接触面积大小和接触点分布情况。例如齿轮啮合、锥体配合以及导轨之间的接触精度。表面接触精度可用实际接触面积占理论上应接触面积的比例表示，其表示了接触的可靠性。

（2）装配精度的相互关系

①相互位置精度是相对运动精度的基础。

②尺寸精度影响了相互位置精度和相对运动精度的可靠性和稳定性。

③表面接触精度不仅影响接触刚度，还影响尺寸精度和配合性质的稳定性。

（3）零件精度与装配精度的关系

零件的精度包括尺寸精度、形状与位置精度和粗糙度。设备和部件是由多个零件组成，因此零件的精度，特别是关键零件和关键尺寸的精度直接影响了装配精度。

①零件配合面的尺寸精度和形状精度影响了装配的配合性质。

②零件的相关位置精度直接影响了运动精度。

③零件配合表面的粗糙度影响了表面接触精度和配合性质的稳定性。

2.装配尺寸链

首先根据装配精度的要求确定封闭环，再取封闭环两端的任一零件为起点，沿装配精度要求的位置方向，以装配基准面为查找线索，分别找出影响装配精度要求的零件（组成环），直至找到同一基准零件或同一基准表面为止。

齿轮与轴部件装配的轴向间隙要求，如图2-1所示。在轴固定和齿轮回转情况下，要求齿轮与挡圈之间的间隙为0.1～0.35 mm，在设计时应考虑如何由装配图确定有关零件的尺寸公差。又如图2-2所示，在普通车床装配中，要求尾架中心线比主轴中心线高0～0.06 mm，在装配时应考虑如何达到该装配精度。

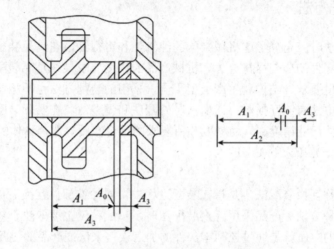

图2-1 控制齿轮轴向装配间隙的装配尺寸链

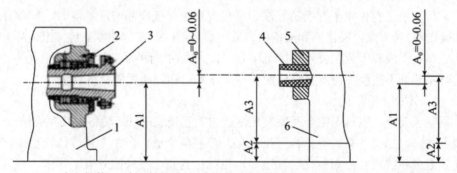

1为主轴箱；2为主轴轴承；3为主轴；4为尾套筒；5为尾座；6为尾座底板

图2-2 控制车床主轴与尾座中心等高的装配尺寸链

查找装配尺寸链应注意的问题：装配尺寸链应进行必要的简化；应遵循最短路线原则；装配尺寸链的方向性。

在装配中，应正确利用装配尺寸链来保证装配精度。

①机械产品是由多个零部件组成，显然装配精度首先取决于相关零部件的精度，尤其是关键零部件的精度。例如卧式车床的尾座移动对溜板移动的平行度，就主要取决于床身导轨的平行度；又如车床主轴中心线与尾座套筒中心线的等高度A_0，主要取决于主轴箱、尾座底板及尾座的A_1、A_2及A_3尺寸精度，如图2-2所示。

②装配精度的保证还取决于装配方法。图2-2所示的等高度A_0的精度要求是很高的，如果靠控制尺寸A_1、A_2及A_3的精度来达到A_0的精度是很不经济的。实际生产中常按经济精度（放大公差）来制造相关零部件尺寸A_1、A_2及A_3，装配时可采用修配尾座底板6的工艺措施，保证等高度A_0的精度。

三、装配方法

选择装配法时应充分考虑机械装配的经济性和可行性，在满足装配精度要求的前提下，应将零件的公差尽量放大。机械产品的精度要求最终是靠装配实现的，而产品的装配精度要求、结构和生产类型不同，采用的装配方法也不相同。生产中保证装配精度的方法有：互换法、选配法、修配法和调整法。在实际装配中应根据零件及部件的具体尺寸精度、几何精度和所要求的配合性质等选择具体的装配方法。

装配法的分类和选用如下：

1. 互换法

互换法也称互换装配法，是指在装配过程中，同种零部件互换后仍能达到装配精度要求的一种方法。产品采用互换装配法时，装配精度主要取决于零部件的加工精度。互换法的实质就是通过控制零部件的加工误差来保证产品的装配精度。

互换法分为完全互换法和不完全互换法。

（1）完全互换法

完全互换法也称完全互换装配法。采用互换法保证产品装配精度时，零部件公差的确定有2种方法：极值法和概率法。采用极值法时，各有关零部件（组成环）的公差之和小于或等于装配公差（封闭环公差），装配中同种零部件可以完全互换，即装配时零部件不需经任何选择、修配和调整，即可达到装配的精度要求。

（2）不完全互换法

不完全互换法也称不完全互换装配法或大数互换装配法（简称大数互换法）。采用概率法时，如果各有关零部件（组成环）公差值合适，当生产条件比较稳定，从而使各组成环的尺寸分布也比较稳定时，也能达到完全互换的效果。否则，将有一部分产品达不到装配精度的要求。显然，概率法适用于较大批量生产。

用不完全互换法比用完全互换法对各组成环的加工要求低，降低了各组成环的加工成本。但装配后可能会有少量的产品达不到装配精度要求，这一问题可通过更换组成环中的1～2个零件加以解决。

采用完全互换法进行装配，可以使装配过程简单，生产率高，易于组织流水作业及自动化装配，也便于采用协作方式组织专业化生产。因此，只要能满足零件加工的经济精度要求，无论何种生产类型都应首先考虑采用完全互换法装配。但是当装配精度要求较高，尤其是组成环数较多时，零件就难以按经济精度制造。在较大批量生产条件下，可考虑采用不完全互换法装配。

2．选配法

选配法也称选择装配法。在大量或成批生产条件下，当装配精度要求很高且组成环数较少时，可考虑采用选配法进行装配。选配法是将尺寸链中组成环的公差放大到经济可行的程度来加工，装配时选择适当的零件配套进行装配，以保证装配精度要求的一种装配方法。

选配法分为直接选配法、分组装配法和复合选配法。

（1）直接选配法

直接选配法是指在装配时，由工人从许多待装的零件中，直接选取合适的零件进行装配，来保证装配精度的要求。这种方法的特点是：装配过程简单，但装配质量和时间很大程度上取决于工人的技术水平。由于装配时间不易准确控制，所以不宜用于节奏要求较严的大批大量生产中。

（2）分组装配法

分组装配法又称分组互换法。它是将组成环的公差相对于完全互换法的计算值放大数倍，使其能按经济精度进行加工。装配时先测量零件尺寸，根据尺寸大小将零件分组，然后按对应组分别进行装配，来达到装配精度的要求。使用分组装配法时，各组内的零件装配是完全互换的。

（3）复合选配法

复合选配法是直接选配法与分组装配法2种方法的复合。即零件公差可适当放大，加工后先测量分组，装配时再在各对应组内由工人进行直接选配。这种方法的特点是：配合件的公差可以不等，且装配质量高、速度较快，能满足一定生产节拍要求。如发动机气缸与活塞的装配多采用这种方法。

3．修配法

修配法是将装配尺寸链中各组成环按经济精度进行制造，装配时依据多个零件累积的实际误差，通过修配某一预先选定的补偿环尺寸来减少产生的累积误差，使封闭环达到规定精度的一种装配工艺方法。

在单件小批或成批生产中，当装配精度要求较高，而装配尺寸链的组成环数较多时，常采用此方法来保证装配精度要求。

修配法分为单件修配法、合并加工修配法和自身加工修配法。

（1）单件修配法

单件修配法是指在装配时，选定某一个固定零件作为修配件进行修配，以保证装配精度的方法。此法在生产中应用最广。

（2）合并加工修配法

合并加工修配法是将2个或多个零件合并在一起，当作一个零件进行修配。这样，减少了组成环的数目，从而也减少了修配量。合并加工修配法虽有上述优点，但是，由于零件合并要对号入座，因而给加工、装配和生产组织工作带来不便，所以多用于单件小批生产中。

（3）自身加工修配法

自身加工修配法常用于机床制造中，其利用机床本身的切削加工能力，用自己加工自己的方法，方便地保证某些装配精度要求。这种方法在机床制造中应用极广。

修配法最大的优点是各组成环均可按经济精度制造，而且可获得较高的装配精度。但由于产品需逐个修配，所以没有互换性，且装配劳动量大，生产效率低，对装配工人的技术水平要求高。因而修配法主要用于单件、小批生产和中批生产中装配精度要求较高的情况。

4．调整法

调整法也称调整装配法，是将尺寸链中各组成环按经济精度加工，在装配时，通过更换尺寸链中某一预先选定的组成环零件，或调整其位置来保证装配精度的方法。装配时进行更换或调整的组成环零件叫调整件，该件的调整尺寸称调整环。调整法和修配法在原理上是相似的，但具体方法不同。

调整法可分为可动调整法、固定调整法和误差抵消调整法3种。

（1）可动调整法

可动调整法指在装配时，通过调整、改变调整件的位置来保证装配精度的方法。在产品装配中，可动调整法的应用较多。如图2-3（a）所示为通过调整楔块3的上下位置来调整丝杠与螺母轴向螺纹的间隙；图2-3（b）所示为调整镶条的位置以保证导轨副的配合间隙；图2-3（c）所示为调整套筒的轴向位置以保证齿轮轴向间隙Δ的要求。

可动调整法不仅能获得较理想的装配精度，而且在产品使用中，由于零件磨损使装配精度下降时，可重新进行调整，使产品恢复原有的精度。所以，该法在实际生产中应用较广。

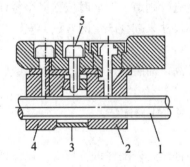 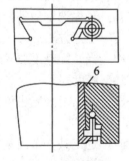 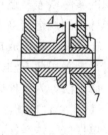

（a）丝杠的间隙调整　　　（b）溜板间隙的调整　　　（c）齿轮间隙的调整
1为丝杠；2、4为螺母；3为楔块；5为螺钉；6为镶条；7为套筒Δ为齿轮轴向间隙

图2-3　CA6140车床的可动调整法应用实例

（2）固定调整法

固定调整法是指在装配时，通过更换尺寸链中某一预先选定的组成环零件来保证装配精度的方法。预先选定的组成环零件称为调整件，需要按一定尺寸间隔制成一组专用零件，以备装配时根据各组成环所形成累积误差的大小进行选择。选定的调整件应形状简单，制造容易，便于装拆。常用的调整件有垫片、套筒等。固定调整法常用于大批大量生产和中批生产中装配精度要求较高的多环尺寸链。

（3）误差抵消调整法

误差抵消调整法是指在产品或部件装配时，通过调整有关零件的位置，使其加工误差相互抵消一部分，以提高装配精度的方法。该方法在机床装配时应用较多，如在机床主轴装配时，通过调整前后轴承的径向跳动方向来控制主轴的径向跳动。

总之，在机械产品装配时，应根据产品的结构、装配精度要求、装配尺寸链环数的多少、生产类型及具体生产条件等因素合理选择装配方法。一般情况下，只要组成环的加工比较经济可行，就应优先采用完全互换法；若生产批量较大，组成环又较多时应考虑采用不完全互换法。当采用互换法装配使组成环的加工比较困难或不经济时，可考虑采用其他方法：大批量生产，且组成环数较少时可以考虑采用分组装配法，组成环数较多时应采用调整法、单件小批生产常用修配法，成批生产也可根据情况采用修配法。

常用装配方法的适用范围和应用实例如表2-1所列。

表2-1　常用装配方法的适用范围和应用实例

装配方法	工艺特点	适用范围	应用举例
完全互换法	配合件公差之和小于或等于规定装配公差；装配操作简单，便于组织流水作业和维修工作	适用于零件数较少、批量很大、零件可用经济精度加工时，或零件数较多但装配精度要求不高时	汽车、拖拉机、中小型柴油机及小型电机的部分部件
不完全互换法	配合件公差平方和的平方根小于或等于规定的装配公差；装配操作简单，便于流水作业；会出现极少数超差件	适用于零件数稍多、批量大、零件加工精度可适当放宽时	机床（包括普通车床、铣床等）、仪器仪表中的某些部件
分组法	零件按尺寸分组，将对应尺寸组零件装配在一起；零件误差较完全互换法可以大数倍	适用于成批或大量生产中，装配精度有一定要求，零件数很少，又不采用调整装配时	中小型柴油机的活塞与缸套、活塞与活塞销、滚动轴承的内外圈与滚子
修配法	预留修配量的零件，在装配过程中通过手工修配或机械加工，达到装配精度	单件小批生产中，装配精度要求高、且零件数较多的场合	车床尾座垫板、滚齿机分度蜗轮与工作台装配后精加工齿形
调整法	装配过程中调整零件之间的相互位置，或选用尺寸分级的调整件，以保证装配精度	动调整法多用于对装配间隙要求较高并可以设置调整机构的场合；静调整法多用于大批量生产中零件数较多、装配精度要求较高的场合	机床导轨的楔形镶条、滚动轴承调整间隙的间隔套、垫圈

第二节　机械结构的装配

一、螺纹、挡圈、键和销的装配

1. 螺纹的装配

常用螺纹按用途分为普通螺纹（也称紧固螺纹）、传动螺纹和紧密螺纹（也称密封螺纹）3大类。其中紧固螺纹的牙型为三角形，用于将2个以上零件进行固定连接，其性能指标为可旋合性和连接的可靠性；传动螺纹的牙型主要为梯形、矩形等，用于运动和动力的传递，如机床中丝杠螺母副，其性能指标为传递运动和动力的准确性、可靠性；紧密螺纹的牙型以三角形为主，主要用于水、油、气的密封，如管道连接螺纹，这类螺纹结合应具有一定的过盈，以保证具有足够的连接强度和密封性。

螺纹连接是一种可拆卸的紧固连接，它具有结构简单、连接可靠、装拆方便等优点，所以在固定联接中应用广泛。

1）螺纹连接的种类

普通螺纹连接的基本类型有螺栓连接、双头螺柱连接和螺钉连接。除此以外的螺纹联接称为特殊螺纹连接，如圆螺母联接等。

2）螺纹连接的拧紧力矩

（1）拧紧力矩的确定。在螺纹连接装配时应保证有一定的拧紧力矩，使螺纹副产生足够的预紧力，保证螺纹副具有一定的摩擦阻力矩，目的是增强联接的刚性、紧密性和防松能力等。

拧紧力矩的大小与螺纹连接件材料、预紧应力的大小和螺纹直径有关。预紧力不得大于其材料屈服点的80%。对于规定预紧力的螺纹连接，常采用一定方法来保证预紧力的准确性。对于预紧力要求不严格的螺纹连接，可使用普通扳手拧紧，凭借操作者的经验来判断预紧力是否适当。

（2）拧紧力矩的控制。拧紧力矩的控制方法主要有以下3种：

控制力矩法可使用指针式扭力扳手，使预紧力达到给定值。指针式扭力扳手如图2-4所示，它有一个长的弹性扳手杆5，其一端装有手柄1，另一端装有带四方头或六角头的柱体3，四方头或六角头上套装一个可更换的套筒，用钢球4卡住。在柱体3上还装有一个长指针2，刻度板7固定在柄座上，刻度单位为N·m。在工作时，扳手弹性杆5和刻度板一起随旋转的方向位移，指针尖6在刻度板上指出拧紧力矩的大小。

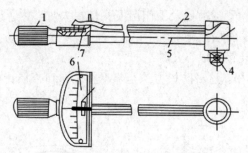

1为手柄；2为指针；3为柱体；4为钢球；5为扳手弹性杆；6为指针尖；7为刻度板

图2-4　指针式扭力扳手

控制转矩也可使用定力矩扳手，结构如图2-5所示，其操作简单，在每次使用前，应根据需要调整具体的转矩数值。当顺时针旋转调整螺钉时，弹簧被压缩，扳手的设定力矩增加。

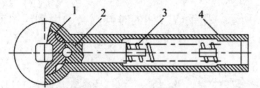

1为卡盘；2为圆柱销；3为弹簧；4为调整螺钉

图2-5　定力矩扳手

控制螺栓弹性伸长法如图2-6所示，螺母拧紧前，螺栓的原始长度为L，按规定的预紧力拧紧后，螺栓的长度变为L_2，测定M和L_2的差值，即可计算出拧紧力矩的大小，此法对检测部分的精度要求较高。

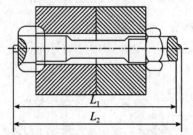

L_1为螺栓未紧固时的初始长度；L_2为螺栓的紧固后长度

图2-6　螺栓伸长量的测量

控制螺母扭角法，此法的原理和测量螺栓弹性伸长法相似，在螺母拧紧到各被联接件消除间隙后，对此时螺母所在角度作一标记，螺母在旋紧后转到另一角度，通过测量此角度值确定预紧力。此法在有自动旋转设备时，可得到较高精度的预紧力。

3）螺纹的防松

螺纹联接一般都具有自锁性，在受静载荷和工作温度变化不大时，不会自行松脱。但在冲击、振动、变载荷以及工作温度变化很大时，为了确保联接可靠，防止松动，必须采取可靠的防松措施。

常用的螺纹防松装置有以下几种：

（1）弹簧垫圈防松。这种防松方法是靠摩擦力来可靠防止螺纹回松，应用较普遍，如图2-7所示。

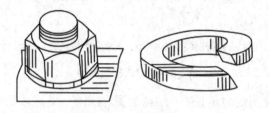

图2-7 弹簧垫圈防松法

（2）钢丝防松。对成对或成组使用的螺钉，可以用钢丝穿过螺钉头互相绑住，以防止回松，如图2-8所示。用钢丝绑住的时候，必须用钢丝钳或尖嘴钳拉紧钢丝，钢丝旋转的方向必须与螺纹旋转方向相同，使螺钉不松动。

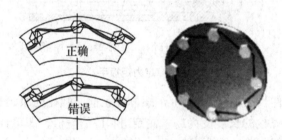

图2-8 用钢丝防止螺纹回松

（3）双耳止动垫圈防松。这种防松用于边缘连接或带槽孔连接部位，如图2-9所示。将螺母旋紧后，应使双耳止动垫圈的短边翘起固定于螺母，长边固定于被连接件的边缘或槽中。

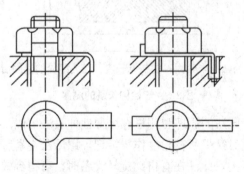

图2-9 双耳止动垫圈防松方法

（4）圆螺母和止动垫圈防松。使用止动垫圈（又称带翅垫圈）时，先将止动垫圈的内翅插入轴的槽中，在圆螺母旋紧后，应使圆螺母槽与止动垫圈的某一外翅相对，再将外翅插入圆螺母槽内，如图2-10所示。

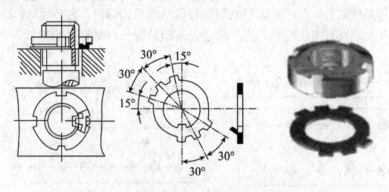

图2-10　圆螺母和止动垫圈组合的防松方法

（5）点铆法防松。当螺钉或螺母被拧紧后，用点铆法可以防止螺钉或螺母松动。样冲在螺钉头直径上的点铆；样冲在螺母侧面上的点铆。当螺纹外径d＞8mm时，铆3点，d≤8 mm时，铆2点。这种方法防松比较可靠，但拆卸后联接零件不能再次使用，故仅用于特殊需要的防松场合。

（6）粘接法防松。在螺纹的接触表面涂上厌氧胶后，拧紧螺母或螺钉。一段时间后，螺纹接触面处的粘结剂会硬化，防松效果良好。厌氧胶的特性是其在没有氧气的情况下才能固化，而在有氧状态下呈现液态。

（7）双螺母防松。它是依靠两螺母，即主、副螺母间在螺母端面上所产生的摩擦力来防松的。

（8）开槽螺母与开口销防松。在开槽螺母旋紧时，应使开槽螺母的开槽处正对螺栓的销钉孔，然后将开口销插入螺栓的销钉孔内，并将其尾端翘起，以限制开槽螺母的回松。

4）螺纹连接的装配

（1）螺栓、螺钉及螺母的装配要求。

①螺栓、螺钉或螺母与贴合的表面要光洁、平整，贴合处的表面应为机械加工表面，否则容易使联接件受力面积过小或使螺栓发生弯曲。

②螺栓应露出螺母2～3个螺距，螺栓、螺钉或螺母和接触的表面之间应保持清洁，螺纹表面的脏物应当清理干净，并注意不要使螺纹部分接触油类物质，以免影响防松的摩擦力。

③螺栓连接时应注意拧紧力的控制。当拧紧力矩过大时，会出现螺栓或螺钉被拉长，甚至断裂和机件变形的现象。螺钉在工作中断裂，常常引起严重事故。而拧紧力矩太小，则不可能保证设备工作的可靠性。螺栓紧固时，宜采用呆扳手（尽量不用活扳手），不得使用打击法，不得超过螺栓的许用应力。

拧紧成组多点螺纹时，必须按一定的顺序进行，并做到分次逐步拧紧（重要联接一般分3次拧紧），否则会使零件或螺杆产生松紧不一致的现象，甚至变形。在拧紧长方形布置的成组螺母时，应从中间开始，逐渐向两边对称地扩展，按如图2-11所示的标号秩序进行。在拧紧方形或圆形布置的成组螺母时，也必须对称进行拧紧，如图2-12所示。当有定位销时，应从靠近定位销的螺栓或螺钉开始拧紧。

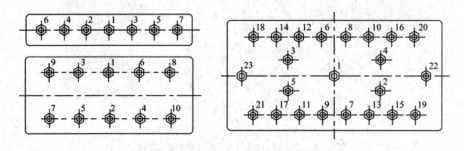

图2-11 拧紧长方形布置的多点成组螺母顺序

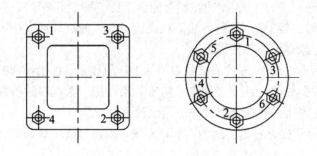

图2-12 拧紧方形、圆形布置的成组螺母顺序

④联接件要有一定的夹紧力，紧密牢固。在工作中有振动、冲击，或有其他防松或锁紧要求时，为了防止螺钉和螺母松动，必须采用可靠的防松装置。

⑤在如压力容器等联接场合，要求螺栓具有一定的预紧，需计算出螺栓所需的预紧力。另外，为防止高压容器的泄漏，工作压力越大，螺栓的间距应越小，如表2-2所列。

表2-2 螺栓所承受工作压强与螺栓间距的关系

工作压强/MPa					
<1.6	1.6~4	4~10	10~16	16~20	20~30
螺栓间距t_0/mm					
7d	4.5d	4.5d	4d	3.5d	3d

不锈钢、铜、铝等材质在进行螺栓连接时，应在螺纹部分涂抹防咬合剂。

（2）双头螺柱的装配要求如下：

应保证双头螺柱与机体螺纹的配合有足够的紧固性（即在装拆螺母的过程中，双头螺柱不能有任何松动现象）。为此，螺柱的紧固端应采用过渡配合，保证配合后中径有一定过盈量；也可利用台肩面或最后几圈较浅的螺纹，以达到配合的紧固性。当螺柱装入软材料机体时，应适当增加其过盈量。

双头螺柱的轴线必须与机体表面垂直，通常用90°角尺进行检验，如图2-13（a）所示。当双头螺柱的轴线有较小的偏斜时，可把螺柱拧出采用丝锥校准螺孔，或把装入的双头螺柱校准到垂直位置，如偏斜较大时，不得强行修正，以免影响联接的可靠性。

装入双头螺柱时，必须用油润滑，以免拧入时产生咬住现象，同时可使以后拆卸、更换较为方便。拧紧双头螺柱的专用工具见图2-13（b）、（c），采用2个螺母拧紧时，应先将2个螺母相互锁紧在双头螺柱上，然后扳动后面的一个螺母，把双头螺柱拧入螺孔中。

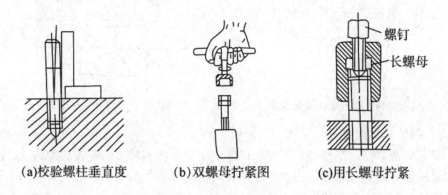

(a)校验螺柱垂直度　　　(b)双螺母拧紧图　　　(c)用长螺母拧紧

图2-13　拧紧双头螺柱的专用工具

2. 挡圈的装配

挡圈是紧固在轴或套上的圈形零件，用于防止轴和轴上的零件相对移动。轴上零件的固定分为轴向固定和周向固定，挡圈主要是起到轴向固定的作用。

常用的挡圈有以下几种：

（1）轴端挡圈

轴端挡圈其适用于对轴端零件的定位和固定，可承受较强的振动和冲击载荷，需采取必要防松措施，如加装弹簧垫圈等。

（2）弹簧挡圈

弹簧挡圈分为轴用弹簧挡圈和孔用弹簧挡圈2种，利用孔用或轴用挡圈钳来进行安装。

①轴用弹簧挡圈：用来固定轴上的零件，如齿轮、轴承内圈等。

②孔用弹簧挡圈：用来固定孔上的零件，如轴承外圈等。

（3）锁紧挡圈

锁紧挡圈分为螺钉锁紧挡圈和带锁圈的螺钉锁紧挡圈。锁圈用于卡入紧定螺钉头部的直槽内，以防止螺钉旋转退出，起到防松作用。

（4）开口挡圈

开口挡圈一般用于小轴的轴向定位，挡圈外形。轴向固定的方法有：轴肩或轴环固定、轴端挡圈和圆锥面固定、轴套固定、圆螺母固定和挡圈固定等。其中圆锥面和轴端挡圈固定具有较高的定心性，如图2-14所示。螺钉锁紧挡圈的固定方法如图2-15所示。带锁圈的螺钉锁紧挡圈的固定方法具有防松的功能，即在旋紧挡圈上的螺钉，使轴上零件固定后，应将锁圈（弹簧钢丝）锁入螺钉的槽中，防止螺钉回松。

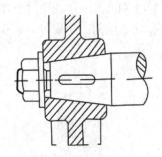 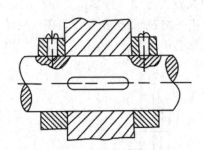

图2-14　圆锥面和挡圈固定　　　　图2-15　螺钉锁紧挡圈固定

3．键的分类与装配

键是标准零件，在机械装配中，键经常用于将轴和轴上的零件（如齿轮、皮带轮、联轴器等）进行联接，用以传递力和力矩，一些类型的键也可以实现轴上零件的轴向固定或轴向移动的导向。

（1）键的分类

键的类型主要有平键、半圆键、楔键等，分别如图2-16（a）、（b）和（c）所示。平键按用途不同，又分为普通平键、导向平键和滑键3种。其中普通平键用于静联接，导向平键用于移动距离较小的动联接，滑键用于移动距离较大的动联接。普通平键的型号、尺寸对应的标记方法见表2-3。普通平键分为A型、B型、C型3种，如图2-17所示。

（a）平键　　　　　　（b）半圆键　　　　　　（c）楔键

图2-16　常用键的外形

表2-3　普通平键的标记方法

普通平键的型号	尺寸/mm	标记方法
圆头普通平键（A型）	b=10、h=8、L=80	键10×80GB/T/096—2003
平头普通平键（B型）	b=5、h=5、L=40	键B5×40GB/T/096—2003
单圆头普通平键（C型）	b=16、h=10、L=100	键C16×100GB/T/096—2003

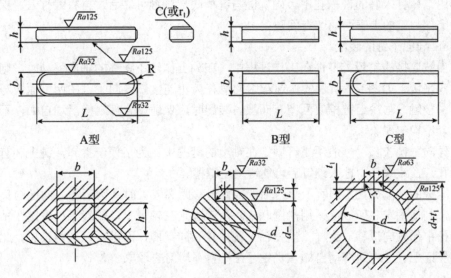

图2-17　平键的种类及键槽

平键连接和半圆键连接称为松键连接，其连接过盈量相对较小或不依靠其过盈量传递运动；楔键连接和切向键连接称为紧键连接，其为过盈连接，过盈量相对较大，过盈量的大小取决于传递力矩的大小。

在松键连接中，键的两侧面是工作面，在工作时靠键与键槽侧面的挤压来传递转矩，对此工作表面的尺寸精度和粗糙度的加工要求较高。键的上表面和轮毂的键槽底面间留有间隙。松键连接的对中性好，装拆方便，应用也最为广泛。

紧键连接用于静连接，键上、下面是工作表面，对此表面的加工精度要求较高。紧键连接的对中性差，一般不用于齿轮与轴等有较高运动精度要求的连接。

（2）键的装配

键装配的一般要求：键在装配前，需检查键和键槽的平面度、粗糙度等指标，重点检查键和键槽的工作表面的质量，如松健连接的键侧面，紧键联接的上、下表面。在装配时，轴键槽及轮毂键槽相对轴心线的对称度，应按图纸的设计要求。键在装配时，应用较软金属（如紫铜棒）将键打入，避免在装配过程中零件发生塑性变形。

①平键的装配。平键联接具有结构简单、对中性好、装拆方便等特点，因而得

到广泛应用。平键的主要配合尺寸是键宽的配合，所以对键宽的尺寸公差、形位公差及粗糙度有较高要求。平键联接不能承受轴向力，因而对轴上的零件不能起到轴向固定的作用。

a．普通平键的装配

普通平键一般与轴连接相对较紧，与毂连接较松。当键的连接部位承受较大载荷或冲击载荷时，应选用较紧连接，否则选用一般连接公差配合；在装配时，先将平键用铜棒打入轴的键槽孔中，确认键与键槽底部接触可靠后，再将毂打入，保证毂的底部与键的上表面间留有间隙。

b．导向平键的装配

当被连接的轮毂类零件在工作过程中，在轴上作较小距离的轴向移动时，则采用导向平键，如图2-18所示的变速箱中的滑移齿轮连接。导向平键的两侧面应与键槽紧密接触，与轮毂键槽底面留有间隙。装配时应保证配合件之间滑动自如，不应有松紧不均匀现象。

导向平键较长，一般用螺钉固定在轴上的键槽中。为了便于拆卸，键上制有起键螺孔，在该螺孔中拧入螺钉后可使键退出键槽。

滑键的装配如图2-19所示，当轴上零件滑移距离较大时，因所需导向键的尺寸过长，制造困难，所以应采用滑键联接。滑键固定在轮毂上，轮毂带动滑键在轴上的键槽中作轴向滑移，这样只需在轴上铣出较长的键槽，而键可以做得较短。此装配应保证配合件之间滑动自如，避免存在松紧不均匀的现象。

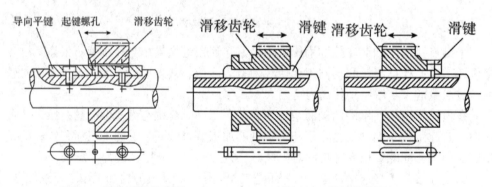

图2-18　导向平键的装配　　　　图2-19　滑键的装配

②半圆键连接。半圆键能在轴的键槽内摆动，以适应轮毂键槽底面的斜度，特别适合锥形轴端的连接。它的缺点是键槽对轴的削弱较大，只适合于轻载联接。半圆键的两侧面应与键槽紧密接触，与轮毂键槽底面留有间隙。

③楔键连接。楔键上、下面是工作表面，上表面有1：100的斜度，轮毂键槽底面也有1：100的斜度。装配后，键的上下表面与轮毂和轴上的键槽底面压紧，工作时靠工作表面的摩擦力传递转矩，并能承受单向轴向力且起轴向固定作用。楔键的上、下表面与轴和毂的键槽底面接触面积不应小于70%，且接触部分不得集中于一

段。外露部分的长度应为斜面总长度的10%～15%，不宜过大或过小，以便于传递力矩和装配调整。

楔键分为普通楔键和钩头楔键2种。楔键连接由于在工作表面产生很大预紧力，轴和轮毂的配合产生偏心和偏斜，因此主要用于轮毂类零件定心精度要求不高和低转速的场合。

④切向键连接。切向键是由1对斜度为1：100的楔键组成。装配时，2个键分别由轮毂两端楔入；装配后，2个相互平行的窄面是工作面；工作时，依靠工作面的挤压传递转矩。1对切向键只能传递单向转矩，当传递双向转矩时，应装2对相互成120°～130°的切向键。切向键能传递很大的转矩，常用于重型机械。

切向键的两斜面间，以及键的侧面与轴、轮毂的键槽工作面间，均应紧密接触。装配后，相互位置应采用销固定。

⑤花键的装配。花键连接由具有周向均匀分布的多个键齿的花键轴和具有同样数目键槽的轮毂组成。花键依靠键佐侧面的挤压传递转矩，由于是多齿传递载荷，所以承载能力强。由于齿槽浅，故对轴的削弱小，应力集中小，且具有定心好和导向性能好等优点，但需要专用设备加工，生产成本高。花键连接适用于定心精度要求高、载荷大或经常滑移的连接中。花键按齿形分为矩形花键和渐开线花键，其中矩形花键齿形简单，易于制造。

花键在装配时，应保证同时接触的齿数不少于总齿数的2/3，接触率在键齿的长度和高度方向不少于50%。间隙配合的花键的配合件之间应滑动自如，不应有松紧不均匀现象和卡阻现象。

4．销的装配

销起到联接、定位和防松等作用，常用于固定零件间的相互位置，并可传递不大的转矩，也可作为安全装置中的过载剪断元件。销的种类较多，按销的形状不同，可分为圆柱销和圆锥销。圆柱销利用过盈配合固定，多次拆卸会降低定位精度和可靠性；圆锥销常用的锥度为1：50，装配方便，定位精度高，多次拆卸不会影响定位精度。销的装配一般采用击装法或压装法。

销的装配要求：

①销的型号、规格应符合装配图要求。为了保证销与销孔的过盈量，装配前应检查销圆锥销及销孔的几何精度和表面质量，表面粗糙度要小。

②销和销孔在装配前，应涂抹润滑油脂或防咬合剂。

③装配定位销时，不宜使销承受载荷，应根据不同销的特点和具体连接情况选择装配方法，并保证销孔的正确位置。

④圆锥销装配时，应与孔进行涂色检查，其接触率不应小于配合长度的60%，并应分布均匀。

⑤螺尾圆锥销装配后，大端应沉入孔内。一般圆锥销在装配时，销的大端应露出零件表面或与零件表面平齐，小端则应缩进零件表面或平齐。一般来说，在圆锥

孔铰孔后，如手工能将圆锥销推入80%～85%，则是正常过盈情况，可保证联接的合理位置。

⑥在装配时如果发现销和销孔位置存在偏差等情况，应铰孔，并应另配新销。对配制定位精度较高的销，应进行现场配作，即在机电设备的几何精度符合要求或空载试车合格后进行。

⑦销在进行定位装配前，两个被联接件的相对位置应先调整好，然后进行两个配合件的同时钻孔（配钻），并应进行同时铰孔（配铰）。为了方便装配，被联接件上可以预留底孔，此底孔直径应小于销的直径，在装配销前需再次进行钻孔和铰孔。在铰孔完成后，应将销用紫铜棒轻轻敲入。

⑧在盲孔安装销钉或不便于拆卸时，应选用和装配带有螺纹的销。如果选用带有内螺纹的销，可使用专用工具——拔销器完成销的拆卸工作；如果选用带有外螺纹的销，则可以通过顺时针（螺尾一般为右旋螺纹）旋转螺母的方法将销拉出，完成拆卸。

二、过盈连接的装配

1. 过盈连接的装配方法

按孔和轴配合后产生的过盈量和装配要求，可采用击装法、压装法、温差装配法和液压无键联接装配等。选用温差法或液压无键连接可比压装法多承受3倍的转矩和轴向力，且不需另加紧固件。

（1）击装法

击装法指用锤子等工具敲击来进行装配的方法。这种装配方法简单易行，但导向性不好，适用于H/m、H/h、H/j、H/js等过渡配合、小间隙配合或配合长度较短的联接件，装配时容易发生歪斜，多用于单件生产。

（2）压装法

压装法适用于配合尺寸较小和过盈量不大的装配，在常温下将配合的两个零件压到配合位置。压装法使用的工具：螺旋压力机、齿条压力机和气动杠杆压力机。用这些设备进行压装时，导向性比击装法好，装配精度也宜于保证。另外，油压机、气液增力缸也是重要的压装工具，在现代装配中应用越来越广泛。

（3）温差装配法

温差装配法包括热装法和冷装法，多用于过盈量较大的连接，其目的是减小装配时的实际过盈量。

①热装法。包括：热浸加热法常用于尺寸及过盈量相对较小的连接件，此方法是将机油放在铁盒内加热，再将需加热的零件放入油内即可。如用油煮法装配轴承时，是将轴承放在加热油中的网架上，到预定时间后取出，用干净不脱毛的布巾将油迹等清除后，尽快套到轴上。操作时应戴隔热、防滑的手套，防止烫伤或脱手后受伤。对于忌油的连接件，则可采用沸水或蒸气加热。

火焰加热法是用乙炔或其他可然气体进行加热，多用于较小零件的装配，这种加热方法简单，但易于过烧，故要求工作人员有熟练的操作技术。

电阻加热法是用镍铬电阻丝绕在耐热瓷管上，放入被加热零件的孔内，对镍铬电阻丝通电便可加热。为了防止散热，可用石棉板做外罩盖在零件上，这种方法可用于装精密设备或有易燃易爆物品的场所。

电感应加热法利用交变电流通过铁芯（被加热零件可视为铁芯）外的线圈，使铁芯产生交变磁场，在铁芯内与磁力线垂直方向产生感应电动势，此感应电动势以铁芯为导体产生电流。这种电流在铁芯内形成涡流，在铁芯内电能转化为热能，使铁芯变热。此方法操作简单且加热均匀，最适合于装精密设备或有易爆易燃物品的场所。

②冷装法。冷装法是将被包容件（轴类零件）用冷却剂冷却使之缩小，再把包容件（套类零件）套装到配合位置的装配方法。如小过盈量的小型配合件和薄壁衬套等，可采用干冰冷缩（可冷至-78℃），操作比较简便。对于过盈量较大的配合件，如发动机连杆衬套等，可采用液氮冷缩（可冷至-195℃），其冷缩时间短，生产效率较高。

冷装法与热装法相比，收缩变形量较小，因而多用于过渡配合，有时也用于过盈配合。冷却前应将被冷却件的尺寸进行精确测量，并按冷却的工序及要求在常温下进行试装演习，其目的是为了准备好操作和检查的必要工具、量具及冷藏运输容器，检查操作工艺是否可行。冷装配合要特别注意操作安全，稍不小心会造成冻伤。

（4）液压无键连接装配法

液压无键连接是一种先进的联接技术，它对于高速重载、拆装频繁的连接，具有操作方便、使用安全可靠等优点。此装配方法在国外普遍应用于重型机械的装配，在国内随着加工技术的提高和高压技术的进步，也得到推广。

2. 过盈连接的装配要求

①装配前，应先确定装配零件的结构是否符合装配工艺要求，相配合的两个零件在同一方向上只能有1对配合表面（或称为接触面）。为避免装配不到位，应采取在轴肩处加工退刀槽，在孔端加工出倒角或倒圆等方法。

②在常温下装配时，应将配合件清洗干净，并涂一薄层不含二硫化钼添加剂的润滑油；装入时力应均匀，应用紫铜棒等传力打击装配件。

③采用压装法的压入力可通过计算或试验法获得。压装设备的压力，宜为压入力的3.25～3.75倍；压入过程应连续，压入速度通常为2～4 mm/s，不宜大于5 mm/s。压入后24小时内，不得使装配件承受载荷。压装时，还要用90°角尺检查轴孔的中心线位置是否正确，以保证同轴度要求。

④采用温差法时，包容件应加热均匀，不得产生局部过热。未经热处理的装配件，加热温度应小于400℃；热处理的装配件，加热温度应小于其回火温度。

⑤采用温差法装配时，应检查装配件的相互位置及相关尺寸。加热或冷却均不

得使其温度变化过快，并应采取防止火灾和人员被灼伤或冻伤的防范措施。

⑥采用液压无键联接装配法时，配合面的粗糙度应符合设计要求，一般取 R_a=1.6～0.8 um；压力油应清洁；对油沟、棱边应刮修倒圆；装配后应用螺塞将油孔封闭。

三、轴承和导轨的分类与装配

轴承和导轨都属于导向定位部件，是保持机电设备各运动部件相互间运动关系和相对位置的重要保证。其自身精度和装配精度直接影响了机电设备的传动精度和使用性能。

1．滑动轴承的装配

轴承是用来支撑轴和轴上旋转件的重要部件。它的种类很多，根据轴承与轴工作表面间摩擦性质的不同，轴承可分为滑动轴承和滚动轴承两类。滑动轴承是指在工作时轴承和轴颈的支撑面间形成直接或间接活动摩擦的轴承，而滚动轴承的内、外圈间存在滚动体，形成的是滚动摩擦。由于不同轴承的结构和特点不同，其装配方法也不同。

1）滑动轴承的分类

①根据所承受载荷的方向不同，滑动轴承可分为径向轴承、推力轴承两类。

②根据轴系和拆装的需要，滑动轴承可分为整体式和剖分式两类。整体式轴承采用整体式轴瓦（又称轴套），分为光滑轴套和带纵向油槽轴套2种，如图2-20所示。剖分式轴承采用剖分式轴瓦。为了使轴承与轴瓦结合牢固，可在轴瓦基体内壁制出沟槽，使其与合金轴承衬结合更牢靠。剖分式轴瓦分为剖分式薄壁轧制轴瓦和剖分式厚壁轴瓦2种。为了使润滑油能均匀流到整个工作表面上，轴瓦上要开出油沟，油沟和油孔应开在非承载区，以保证承载区油膜的连续性。

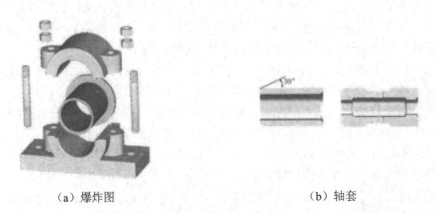

（a）爆炸图　　　　　　　　　　　　　　（b）轴套

图2-20　整体式径向滑动轴承

③根据颈和轴瓦间的摩擦状态不同，滑动轴承可分为液体摩擦滑动轴承和非液

体摩擦滑动轴承两类。根据工作时相对运动表面间油膜形成原理的不同，液体摩擦滑动轴承又分为液体动压润滑轴承（简称动压轴承）和液体静压润滑轴承（简称静压轴承）。

2）滑动轴承的特点

滑动轴承具有结构简单、制造方便、径向尺寸小、润滑油膜的吸振能力强等优点，能承受较大的冲击载荷，因而工作平稳且无噪声，在保证液体摩擦的情况下，轴可长期高速运转，适合于精密、高速及重载的转动场合。由于轴颈与轴承之间应获得所需的间隙才能正常工作，因而影响了回转精度的提高；即使在液体润滑状态，润滑油的滑动阻力摩擦因数一般仍在0.08～0.12之间，故其温升较高，润滑及维护较困难。

整体式和剖分式径向滑动轴承一般应用在低速、轻载或间歇性工作的设备中。整体式径向滑动轴承结构简单，成本低廉，其缺点是因磨损而造成的间隙无法调整，并且只能沿轴向装入或拆出。剖分式径向滑动轴承结构相对复杂，可以调整因磨损而产生的间隙，安装方便。

3）滑动轴承的装配

滑动轴承装配的主要技术要求是在轴颈与轴承之间获得合理的间隙，保证轴颈与轴承的良好接触和充分的润滑，使轴颈在轴承中的旋转平稳可靠。轴瓦的合金层与瓦壳的结合应牢固紧密，不得有分层现象；合金层表面和半轴瓦的中分面应光滑平整，无气孔、夹渣等缺陷。

（1）整体式滑动轴承的装配如下：

①装配前，将轴套和轴承座孔去毛刺，清理干净后在轴承座孔内均匀涂上润滑油。

②根据轴套尺寸和配合时过盈量的大小，采取击装法或压装法将轴套装入轴承座孔内，并进行固定。

③轴套装入轴承座孔后，易发生尺寸和形状变化，可采用铰削或刮削的方法对内孔进行修整并检验，以保证轴颈与轴套之间有良好的间隙配合。

④圆锥轴承应用着色法检查其内孔与轴颈的接触长度，其接触长度应大于70%，并应靠近大端。

⑤轴套装配后，紧定螺钉或定位销应埋入轴承端面内。

⑥装配含油轴承轴套时，轴套端部应均匀受力，并且不得直接敲击轴套；轴套与轴颈间隙宜为轴颈直径的2%。；含油轴承装入轴承座内时，其清洗油宜与轴套内润滑油相同，不得使用能溶解轴套内润滑油的任何物质。

（2）剖分式滑动轴承的装配如下：

①剖分式滑动轴承的装配次序：先将下轴瓦装入轴承座内，再依次装垫片和上轴瓦，最后装轴承盖并用螺母固定。

②轴承单侧间隙应为顶间隙的1/2～2/3。

③轴瓦的台肩应紧靠轴承座两端面。

④为提高配合精度，厚壁轴瓦孔应与轴进行研点配刮。

上、下瓦内孔与轴颈应良好接触，其接触点数应符合设计要求。如无规定时，按表2-3执行。

表2-3　上、下瓦内孔与轴颈的接触点数

轴承直径 /mm	机床或精密机械的主轴轴承			锻压设备、通用机械和动力机械的轴承		冶金设备和建筑工程机械的轴承	
	高精度	精密	普通	重要	一般	重要	一般
	每25mm×25mm尺寸范围内的接触点数						
≤120	20	16	12	12	8	8	5
>120	16	12	10	8	6	5～6	2～3

为实现紧密配合，保证有合适的过盈量，薄壁轴瓦的剖分面应比轴承座的剖分面高一些。薄壁轴瓦的顶间隙应符合表2-4的规定。

表2-4　薄壁轴瓦的顶间隙

转速/r·min⁻¹	<1500	1500～3000	3000
顶间隙/mm	（0.8～1.2）d/1000	（1.2～1.5d/1000）	（1.5～2）d/1000

（3）静压轴承的装配如下：

空气静压轴承在装配前，检查轴承内、外套的配合尺寸和精度，内、外套应有30°的锥度；压入应紧密无泄漏；轴承外圆与轴承座孔的配合间隙宜为0.003～0.005mm。

液体静压轴承在装配前，其油孔、油腔应完好，油路畅通；节油器及轴承间隙不应堵塞；轴承两端的油封槽不应与其他部位相通，并应保持与主轴颈的配合间隙。

（4）动压轴承的装配如下：

动压轴承的顶间隙，宜按表2-5执行，此表适用于最大圆周速度小于10m/s的场合，如活塞式发动机轴承、油膜轴承等。

表2-5　动压轴承的顶间隙　　　　单位：mm

轴承直径	最小间隙	平均间隙	最大间隙	轴承直径	最小间隙	平均间隙	最大间隙
>30～50	0.025	0.050	0.075	>320～340	0.30	0.34	0.38
>50～80	0.030	0.060	0.090	>340～360	0.32	0.36	0.42
>80～120	0.072	0.117	0.161	>360～380	0.34	0.38	0.42
>120～130	0.085	0.137	0.188	>380～400	0.36	0.40	0.44
>130～140	0.085	0.137	0.188	>400～420	0.38	0.42	0.46

续表　　　　　　　　　　　　　　　　　　　　　　　　　　　　单位：mm

轴承直径	最小间隙	平均间隙	最大间隙	轴承直径	最小间隙	平均间隙	最大间隙
>140~150	0.12	0.15	0.19	>420~450	0.41	0.45	0.49
>150~160	0.13	0.16	0.20	>450~480	0.44	0.48	0.52
>160~180	0.15	0.18	0.21	>480~500	0.46	0.50	0.54
>180~200	0.17	0.20	0.23	>500~530	0.49	0.53	0.57
>200~220	0.19	0.22	0.25	>530~560	0.52	0.56	0.60
>220~240	0.21	0.24	0.27	>560~600	0.56	0.60	0.64
>240~250	0.22	0.25	0.28	>600~630	0.59	0.63	0.67
>250~260	0.23	0.26	0.29	>630~670	0.62	0.67	0.72
>260~280	0.25	0.28	0.31	>670~710	0.66	0.71	0.76
>280~300	0.27	0.30	0.33	>710~750	0.70	0.75	0.80
>300~320	0.28	0.32	0.36	>750~800	0.75	0.80	0.85

4）滑动轴承的修理

滑动轴承的损坏形式有工作表面的磨损、烧熔、剥落和裂纹等。造成这些缺陷的主要原因是油膜因某种原因被破坏，从而导致轴颈与轴承表面产生直接摩擦。对于不同形式轴承的损坏，采取的修理方法也不同。

①整体式滑动轴承的修理，一般采用更换轴套的方法。

②剖分式滑动轴承轻微磨损，可通过调整垫片、重新修刮的方法处理。

③内柱外锥式滑动轴承，当工作表面没有严重擦伤，仅作精度修整时，可以通过螺母来调整间隙；当工作表面有严重擦伤时，应将主轴拆卸，重新刮研轴承，恢复其配合精度；当没有调整余量时，可采用喷涂法等加大轴承外锥圆直径，或车去轴承小端部分圆锥面，加长螺纹长度以增加调整范围等方法；当轴承变形、磨损严重时，则必须更换。

④对于多瓦式滑动轴承，当工作表面出现轻微擦伤时，可通过研磨的方法对轴承的内表面进行研抛修理。当工作表面因抱轴烧伤或磨损较严重时，可采用刮研的方法对轴承的内表面进行修理。

2．滚动轴承的装配

滚动轴承一般由内圈、外圈、滚动体和保持架4个部分组成。滚动轴承的内外圈和滚动体应具有较高的硬度和接触疲劳强度、良好的耐磨性和冲击韧性。受纯径向载荷或受径向载荷和较小的轴向载荷联合作用的轴，一般采用深沟球轴承。受径向、轴向载荷联合作用的轴，多采用角接触球轴承和圆锥滚子轴承，且成对使用。

1）滚动轴承的分类及特点

①滚动轴承按所能承受载荷的方向或公称接触角的不同可分为向心轴承和推力

轴承。向心轴承分为径向接触轴承和向心角接触轴承。径向接触轴承主要承受径向载荷，可承受较小的轴向载荷；向心角接触轴承可同时承受径向载荷和轴向载荷。推力轴承分为推力角接触轴承和轴向接触轴承。推力角接触轴承主要承受轴向载荷，可承受较小的径向载荷；轴向接触轴承只能承受轴向载荷。

②滚动轴承按滚动体的种类可分为球轴承、滚子轴承等。在外廓尺寸相同的条件下，滚子轴承比球轴承的承载能力和耐冲击能力都好。球轴承摩擦小，并适用于较高转速。

③滚动轴承按工作时能否调心可分为调心轴承和非调心轴承。

④滚动轴承按安装轴承时其内、外圈可否分别安装，分为可分离轴承和不可分离轴承。

⑤滚动轴承按公差等级可分为0、6、5、4、2级，其中2级精度最高，0级为普通级。另外，有用于圆锥滚子轴承的6×公差等级。

2）滚动轴承的固定和调整方法

①滚动轴承的轴向固定。滚动轴承轴向固定的作用是保证轴上零件在受到轴向力时，轴和轴承不产生轴向相对位移。轴承外圈在座孔中的轴向位置通常采用座孔挡肩、轴承盖和弹性挡圈等固定。座孔挡肩和轴承盖用于承受较大的轴向载荷，弹性挡圈用于轴向载荷较小情况下。轴承内圈多采用轴肩和挡圈固定。

②滚动轴承支承的调整。轴承在装配时一定要留有适当的间隙，以利于轴承的正常运转。常用的间隙调整方法有：垫片调整、螺钉调整及调整环调整。增减轴承端盖与机座结合面之间的垫片厚度进行调整；用螺钉调节压盖的轴向位置；为增减轴承端面与压盖间的调整环厚度进行调整。

③轴系位置的调整。在某些设备中，轴上零件需要准确的轴向位置，这可以通过调整移动轴承的轴向位置来达到。一圆锥齿轮、轴、轴承的组合，利用调整垫片来补偿圆锥齿轮传动的锥顶点的不重合误差。为了保证调整到理想的啮合传动位置，此结构将轴承装在套筒中，用改变垫片1厚度的方法调整该套筒的位置，以调整锥齿轮的轴向位置。端盖和套杯间的另一组垫片2则用来调整轴承的游隙。

④轴承的预紧。轴承预紧是在安装时使轴承受到一定的轴向力，以消除轴承内部游隙，并使滚动体和内、外圈之间产生一定的预变形。其目的是为了增加轴承的刚性，使轴运转时径向和轴向跳动量减小，提高轴承的旋转精度，减少振动和噪音。

预紧力要适当，过小达不到预紧目的，过大会影响轴承寿命。预紧的方法有加金属垫片、磨窄套圈和分别安装厚度不同的套筒等。

3）滚动轴承的润滑与密封

①滚动轴承的润滑。滚动轴承润滑的目的是为了减少摩擦和磨损，同时也有冷却、吸震、防锈和减小噪声的作用。当轴颈圆周速度u<4～5 m/s时，可采用润滑脂润滑，其优点为：润滑脂不易流失，便于密封和维护，一次填充可运转较长时间。装填润滑脂时一般不超过轴承空隙的1/3～1/2，以免因润滑脂过多而引起轴承发热，

影响轴承正常工作。当轴颈速度过高时，应采用润滑油润滑，这不仅使摩擦阻力减小，而且可起到散热、冷却作用。润滑方式常用油浴或飞溅润滑。油浴润滑时油面不应高于最下方滚动体中心，以免因搅油而使能量损失较大，使轴承过热。高速轴承可采用喷油或油雾润滑。

②滚动轴承的密封。轴承的密封是为了阻止灰尘、水分等杂物进入轴承，同时也为了防止润滑剂的流失。密封方法的选择与润滑剂种类、工作环境、温度、密封处的圆周速度等有关。密封方法分接触式和非接触式两类。

接触式密封 接触式密封常用的有毛毡圈密封和密封圈密封。毛毡圈密封，在轴承端盖上的梯形断面槽内装入毛毡圈，使其与轴在接触处径向压紧达到密封，密封处轴颈的速度$v \leqslant 4 \sim 5$ m/s；密封圈（油封）密封，密封圈由耐油橡胶或皮革制成，安装时密封唇应朝向密封的部位，即朝向压力高的一侧，否则很容易造成润滑油的泄漏。密封圈密封效果比毛毡圈好，密封处轴颈的速度$v \leqslant 7$ m/s。接触式密封要求轴颈接触部分表面光滑，无飞边毛刺，粗糙度值一般取$Ra<1.6 \sim 0.8$ pm，否则易刮伤密封圈。当采用"O"型密封圈密封时，静密封的预压量为20%～25%，动密封的预压量为10%～15%。

4）滚动轴承的检验

机电设备安装前应对轴承进行检验，而在中修或大修时除检验外，还应将轴承彻底清洗干净。检验的内容主要有以下3个方面。

①外观检视。检视内外圈滚道、滚动体有无金属剥落及黑斑点，有无凹痕，保持架有无裂纹，磨损是否严重，铆钉是否有松动现象等。

②空转检验。手拿内圈旋转外圈，检查轴承是否转动灵活，有无噪声、阻滞等现象。

③游隙检验。测量轴承的径向游隙方法，将轴承放在平台上，使百分表的测头抵住外圈，一手压住轴承内圈，另一手往复推动外圈，则百分表指针指示的最大与最小数值之差，即为轴承的径向游隙。所测径向游隙值一般不应超过0.1～0.15 mm。

5）滚动轴承的防尘密封性能选用

轴承为了使其内部能长期储存润滑脂或防止外界污染物进入，在外露场合下需选用带有防尘、密封性能的轴承，即轴承的两端面部分嵌入有防尘盖（钢板）或密封盖。接触式橡胶密封圈具有更好的防尘效果，但其产生摩擦较大，高速转动时容易产生大量的热量，因此有最高转速的限制。而钢板防尘效果虽不如橡胶密封圈，但适用于高速转动。轴承防尘形式的标注，是在轴承型号后加密封方式后缀，如轴承6004-2RS的后缀，2RS表示深沟球承带有两侧接触式橡胶密封圈。常用轴承密封形式的符号表示如下：

①TT 两侧带挡圈接触式特富龙密封圈。此类密封圈主要用于微型轴承，把加入玻璃纤维的特富龙密封圈用弹簧紧圈固定在轴承外圈上。

②ZZ 两侧钢板防尘盖。挡圈式钢板轴承防尘盖仅微型轴承用，冲压加工的金

属钢板用弹簧紧圈固定在外圈上，防尘盖可减少油脂渗出。

③2RS　两侧接触式橡胶密封圈，可有效防止外部异物的侵入。橡胶密封圈嵌入轴承外圈，密封圈与内圈轻微接触。

另外，轴承的后缀标注T、Z、RS表示一侧密封，RZ与RS同样表示采用橡胶密封圈，区别在于RZ表示非接触式橡胶密封圈。

6）滚动轴承的装配

（1）应通过研究装配图来考虑轴承装配和拆卸的工艺性。轴承的安装和拆卸方法应根据轴承的装配结构、尺寸及配合性质来确定。装配与拆卸轴承的作用力应直接加在紧配合的轴承内圈或外圈端面上。不允许通过滚动体传递装拆的压力或冲击力，以免在轴承滚动体或内、外圈沟槽表面出现压痕，影响轴承的正常工作。轴承内圈通常与轴颈配合较紧，对于小型轴承一般可用压装法，直接将轴承的内圈压入轴颈，也可使用手锤进行安装。

对于尺寸较大的轴承，且过盈量又较大时，宜采用温差法进行装配。轴承的温差法装配可采用以下几种形式：

①油浴加热法　可先将轴承放在80～100℃的热油中预热，然后进行安装。采用温差法进行装配时，应均匀改变轴承温度，轴承自身温度不应高于120℃，最低温度不应低于-80℃。此方法不适合对内部充满润滑油脂的带防尘盖轴承或带密封圈轴承加热。

②工频涡流加热法　将轴承套在工频加热器的衔铁上，然后接通加热器的工频交流电源。轴承会因电磁感应而在内、外圈中产生涡流（电流），从而产生热量使其膨胀。

③电磁炉加热法　将轴承放在电磁炉上加热，比较适用于尺寸较小的轴承。且所用电磁炉为专业厂家生产的产品，在条件不具备且安装精度较低时可使用家用的普通电磁炉。应将轴承放在一块铁板上加热，如果将轴承直接放在电磁炉上可能不会加热，电磁炉屏幕显示E1表示无加热元器件。在操作中应注意控制温度，如选择最低温度一档C1，加热到一定时间后，应尽快将轴承套在轴上的预定位置。操作时应戴手套，避免烫伤。

（2）轴承外圈与轴承座或箱体孔的配合应符合设计要求。剖分式轴承座或箱体的接合面应无间隙；轴承外圈与轴承座孔在对称于中心线120°范围内，与轴承盖孔在对称于中心线的90°范围内应均匀接触，用0.03mm的塞尺检查时，不得塞入轴承外圈宽度的1/3；轴承外圈与轴承座孔等不得有卡阻现象。

（3）轴承与轴肩或轴承座挡肩应靠紧，圆锥滚子轴承或向心推力球轴承与轴肩的间隙不应大于0.05 mm，其他轴承与轴肩的间隙不应大于0.10 mm。轴承盖和垫圈必须平整，并应均匀紧贴在轴承外圈上（当有特定要求时，按规定留间隙）。

（4）装配在轴两端的径向间隙不可调，且轴的轴向位移是以两端端盖限制的向心轴承在装配时，其一端轴承外圈应紧靠端盖，另一端轴承外圈与端盖之间的间隙应符合相应规定。

（5）装配两端可调头的轴承时，应将有编号的一端朝外；装配可拆卸的轴承时，必须按内外圈和对应标记安装，不得装反或与其他轴承内外圈混装；有方向性要求的轴承应按装配图进行装配。

（6）角接触轴承、单列圆锥滚子轴承、双向推力球轴承的轴向游隙应按表2-6进行调整；双列和四列圆锥滚子轴承在装配时，应分别符合表2-7和表2-8的规定。

表2-6 角接触轴承、单列圆锥滚子轴承、双向推力球轴承的轴向游隙 单位：mm

轴承内径	角接触球轴承的轴向游隙		单列圆锥滚子轴承的轴向游隙		双向推力球轴承的轴向游隙	
	轻系列	中及重系列	轻系列	轻宽、中及中宽系列	轻系列	中及重系列
<30	0.02～0.06	0.03～0.09	0.03—0.10	0.04～0.10	0.03～0.08	0.05～0.11
30～50	0.03～0.09	0.04～0.10	0.04～0.11	0.05—0.13	0.04～0.10	0.06～0.12
50～80	0.04～0.10	0.05～0.12	0.05～0.13	0.06～0.15	0.05～0.12	0.07～0.14
80～120	0.05～0.12	0.06～0.15	0.06～0.15	0.07～0.18	0.06～0.15	0.10～0.18
120～150	0.06～0.15	0.07～0.18	0.07～0.18	0.08—0.20	—	—
150～180	0.07～0.18	0.08～0.20	0.09～0.20	0.10～0.22	—	—
180～200	0.09～0.20	0.10～0.22	0.12～0.22	0.14～0.24	—	—
200～250	—	—	0.18～0.30	0.18～0.30		

表2-7 双列圆锥滚子轴承的轴向游隙 单位：mm

轴承内径	轴承游隙	
	一般情况	内圈比外圈温度高25～30°C
<80	0.01～0.20	0.30～0.40
80～180	0.15～0.25	0.40～0.50
180～225	0.20～0.30	0.50～0.60
225～315	0.30～0.40	0.70～0.80
315～560	0.40～0.50	0.90～1.00

表2-8 四列圆锥滚子轴承的轴向游隙 单位：mm

轴承内径	轴向间隙	轴承内径	轴向间隙
120～180	0.15～0.25	500～630	0.30～0.40
180～315	0.20～0.30	630～800	0.35～0.45
315～400	0.25～0.35	800～1000	0.35～0.45

续表   单位：mm

轴承内径	轴向间隙	轴承内径	轴向间隙
400～500	0.32～0.40	1000～1250	0.40～0.50

（7）滚动轴承在装配后应转动灵活。当轴承采用润滑脂润滑时，应在轴承约1/2空腔内加注符合规定规格的润滑脂；采用稀油润滑的轴承，不应加注润滑脂。

（8）装在轴上和轴承孔内的轴承，其轴向预过盈量，应符合轴承标准或相关规定。

3.导轨的装配

导轨作为导向的重要结构，其作用是保证相应的机械部件沿着规定的直线或曲线进行移动，并应保证其运动精度要求。导轨按导轨组件的工作表面间摩擦性质的不同，分为滑动导轨和滚动导轨2种，其中滚动导轨如图2-21所示，其滚动体多采用球形滚珠。由于滚动导轨与滚动轴承具有很多相似性，所以已标准化并且可以成套订购的直线运动滚动导轨也被称为直线轴承或直线导轨。滑动导轨和滚动导轨的结构和使用场合不同，其装配方法也不相同。

（a）直线导轨外形   （b）直线导轨的内部结构

图2-21　直线滚动导轨

（1）滑动导轨的装配

由于滑动导轨在设备运行时直接或间接参与摩擦，所以要求其工作表面具有较高的耐磨性和较高的硬度。一般导轨多采用铸铁和淬火钢，铸铁具有很好的储油性，在导轨摩擦时能很好地润滑工作表面，并且其尺寸稳定性和抗振性也较好，所以应用较为广泛。

滑动导轨的装配要求如下：

①应保证导轨工作平面的平面度或直线度，粗糙度一般要求在Ra=1.6～0.4 um之间。

②导轨的结合面需要润滑，所以应具有润滑结构，并保证油路通畅。

③导轨工作面间应保证一定的间隙，且间隙不能过大或过小，以免影响运动的精度和灵活性，避免出现卡阻现象，装配后应对间隙量进行测量。

（2）直线滚动导轨的装配

早期的机电设备多采用滚动轴承或直接采用相应的滚动体作为滚动介质，实现导轨的灵活运动，其成本相对较低。但由于运动精度不高，并且装配工艺性差，装配精度很难保证等原因，再加上直线滚动导轨的标准化实施，其使用已受到限制。取而代之的是直线滚动导轨。

①直线滚动导轨的安装精度比滑动导轨低，这是由于其精密传动部件已实现标准化，并可直接购买。对于直线滚动导轨的安装表面和定位表面应有平面度或直线度要求，表面粗糙度值一般在Ra=12.5～6.3 pm之间即能满足装配要求。

②直线滚动导轨有较高间隙要求时，需在订货时提出。成对安装的精度要求较高的直线滚动导轨则需成对订货，以保证安装高度及承载力的一致性。

③直线滚动导轨的安装方法较多，装配时应保证多根导轨间的平行度要求。

④直线滚动导轨采用润滑脂进行润滑时，需定期对导轨工作表面磨损情况和润滑情况进行检查，通过直线滚动导轨的滑块注油口注入规定的润滑脂。

四、带、链、齿轮、螺旋传动机构的分类与装配

传动机构包括带传动、链传动、齿轮传动、螺旋传动、蜗轮蜗杆传动机构等，装配人员应重点掌握常用传动机构的作用、特点及装配方法。

1．带传动

（1）带传动的分类和带传动的应用

①带分为平带、V带、多楔带、圆带、同步带等，其中V带、多楔带和同步带，分别如图2-22（a）、（b）和（c）所示。除同步带外，其他带在装配完成后，是依靠带与带轮之间的压力所产生的摩擦力，使主动带轮带动从动带轮一同转动的，带轮与带表面的压力作用。

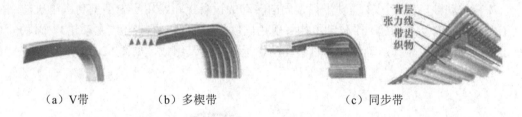

（a）V带　　　　　（b）多楔带　　　　　　（c）同步带

图2-22　带的种类

同步带传动是以齿啮合形式实现力和力矩传递的。同步带是以钢丝绳或玻璃纤维为强力层，外覆以聚氨酯或氯丁橡胶的环形带，带的内周制成齿状，可与同步带轮啮合。同步带传动时，传动比准确，对轴作用力小，结构紧凑，耐油、耐磨性好，抗老化性能好，一般使用温度在-20℃～80℃之间、速度小于50 m/s、功率小于300 kW、传动比小于1∶10的场合。

同步带齿有梯形齿和弧齿两类，弧齿又有3个系列：圆弧齿（H系列，又称HTD带）、平顶圆弧齿（S系列，又称为STPD带）和凹顶抛物线齿（R系列）。梯形齿同步

带有2种尺寸带轮与带表面的压力作用情况制：节距制和模数制。我国采用节距制，并根据ISO5296制订了同步带传动相应标准GB/T11361 ～ 11362—1989和GB/T11616—1989。

同步带及带轮的外形、同步带轮、同步带传动方式分别如图2-23（a）、（b）和（c）所示。同步带和带轮的型号及尺寸应根据设计要求选择，主要依据传动力及力矩、减速比、中心距、传动轴及键槽尺寸、安全系数、使用寿命和环境等确定。

（a）同步带　　　　　　（b）同步带轮　　　　（c）同步带传动方式

图2-23　同步带传动的组件

同步带型号分别表示齿型代号、型号、节距和节圆长度，例如HTD5005M14型号的同步带，HTD表示齿型代号是圆弧齿，5M表示型号（节距是2.06），14表示同步带的宽度（mm），500表示带的节圆长度（mm）。同步带轮在订货时需说明带轮的外形及安装尺寸等要求（可附图纸说明），如总宽度或槽宽、有无挡边、凸台参数及内孔和键槽尺寸等。带轮外径与齿数和齿距有关，例如同步带型号是750H150，表示带轮的齿形是H型，节距是12.7 mm。当40齿时，齿顶直径是160 mm；当35齿时，齿顶直径为140 mm。

②带传动的应用和特点

带传动被广泛应用在两轴平行、同向转动的设备上，常用于中小型功率电机与工作机之间的动力传递。带传动机构一般由固联于主动轴上的带轮（主动轮）、固联于从动轴上的带轮（从动轮）和紧套在两轮上的传动带组成，如图2-24所示。

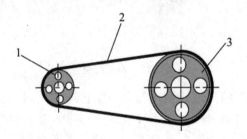

1为主动带轮；2为传动带；3为从动带轮

图2-24　带的传动结构

带传动适用于中心距较大的传动。带具有良好的挠性，可缓和冲击、吸收振动。除同步带传动外，其他带传动在过载时带与带轮之间会出现打滑现象，可有效避免零件的损坏。带传动结构简单、装配方便，成本较低。另外，除同步带传动可保证固定的传动比外，其他带传动，由于带与带轮之间的相对滑动作用，不能保证恒定的传动比。

（2）带传动的装配

①平行传动轴带轮的装配。在装配时，两个带轮的中心面必须对齐，其偏移值应不大于0.5mm，如图2-25所示。否则会造成三角胶带单边工作，磨损严重，降低三角胶带使用寿命，或发生串槽现象；两轴平行度的偏差tanθ值，不应大于其中心距的0.15‰；偏移和平行度的检查，宜以带轮的边缘为测量基准。

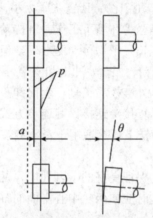

α为两轮偏移值；θ为两轴不平行的夹角；ρ为轮宽的中央平面

图2-25　两平行带轮的位置偏差

②带的安装。带的安装应考虑带传动的结构和张紧方式，常见的带传动张紧方式。如果两轴中心距可以调整，装配前应该先将中心距缩短，把带装好以后再按要求调整中心距和张紧度，使中心距复位。若有张紧轮时，需先把张紧轮放松，装上带后再调整张紧轮的张紧程度。

禁止用工具硬撬、硬拽来安装带，以防胶带伸长或过松、过紧现象。对于三角带的安装，当两轴中心距不可调整时，可将三角带先套入一轮槽中，然后转动另一个皮带轮，将三角胶带装上，然后用同样的办法把一组三角胶带都装上。

③初拉力的控制。三角胶带的松紧度必须经常检查和调整，使之符合要求。如过松不仅容易打滑，也增加三角带损耗，甚至不能传递动力；如过紧，不仅会使三角带拉长变形，容易损坏，同时也会造成发动机主轴承和离合器轴承受力过大。

④张紧力的检查和调整。确定带的安装正确后，用相应工具或手在每条带中部，施加2 kg左右的垂直压力，下沉量为20～30 mm为宜，不合适时要及时进行调整。调整张紧力的方法是通过调整中心距或使用张紧机构，使皮带张紧力符合使用要求。

⑤传动带需预拉时，预紧力宜为工作拉力的1.5～2倍，预紧持续时间宜为24小时。

2．链传动

（1）链传动的分类和应用

链传动由主动链轮、从动链轮和在两轮上安装的链条组成。链传动是依靠链条和链轮齿啮合来传递运动和动力的，其特点是：传动功率一般为100 kW以下，效率在0.92～0.98之间，传动比不超过1∶7，传动速度一般小于15 m/s。

链按用途可分为传动链、输送链和起重链。按结构分为滚子链和齿形链。链传动广泛应用于矿山机械、冶金机械、运输机械、机床传动及石油化工等行业。

链传动属刚性传动，其工作可靠，效率高；传递功率大，过载能力强，相同工况下的传动尺寸较小（与带传动相比）；所需张紧力小，作用于轴上的压力小；能在高温、潮湿、多尘、有污染等恶劣环境下工作。链传动的缺点是：其仅能用于两平行轴间的传动；易磨损，易伸长；平均传动比准确，但传动比不为常数，传动平稳性差，运转时会产生附加动载荷、振动、冲击和噪声，不宜用在急速反向的传动中。

滚子链的结构由内链板、外链板、销轴、套筒和滚子组成。滚子链的使用多为封闭的环形结构，所以需要进行接头连接。其连接方式分为开口销连接、弹簧卡联接和过渡链节连接，其中过渡链节连接适用于奇数链节。

（2）链传动的装配

①链传动在装配时，为了保证良好的啮合性能，两链轮轴线应平行，并使链轮在同一垂直平面内转动，安装时应使两轮中心平面的轴向位置误差不大于中心距的2‰。

②两轮旋转平面间夹角若误差过大，易导致脱链现象或使磨损严重。

③在链的水平传动中，链传动最好紧边在上，松边在下，以防止松边下垂量过大使链条与链轮轮齿发生干涉，或松边与紧边相碰。

④张紧调整方法：调整中心距；当中心距不可调时，可通过设置张紧轮张紧；当链条因使用而变得过长时，需更换新链条，或者将链条拆掉1～2节。

⑤链条工作边张紧时，其非工作边的弛垂度应符合规定，或宜取两轮中心距L的1%～5%。

⑥两链轮的中心线最好在水平面内，若需要倾斜布置时，倾角应小于45°，应避免垂直布置时因为过大的下垂量而影响链轮与链条的正确啮合，降低传动能力。

3．齿轮传动

1）齿轮传动的分类和齿轮传动的应用

齿轮传动按齿轮轴线的相对位置分为：两轴线平行的圆柱齿轮传动（如外啮合直齿轮、斜齿圆柱齿轮、人字齿圆柱齿轮、齿轮齿条传动等）、相交轴齿轮传动（如直齿圆锥齿轮传动）和两轴相交错的齿轮传动（如交错轴斜齿圆柱齿轮传动、蜗轮蜗杆传动等）典型齿轮传动形式，如图2-26所示。

（a）平行轴直齿圆柱齿轮传动　（b）相交轴圆锥齿轮传动　（c）交错轴蜗轮蜗杆传动

图2-26　典型齿轮传动形式

齿轮传动是利用两齿轮的轮齿相互啮合传递动力和运动的机械传动。齿轮传动的特点是传动比稳定（具有中心距可分性）、传动效率高、工作可靠、结构紧凑、使用寿命长等。缺点是制造和安装精度要求较高，制造成本高，不适宜用于两轴间的较大距离传动等。

2）齿轮传动的装配

齿轮传动或蜗轮传动在装配时，其作为基准面的端面与轴肩或定位套端面应紧密贴合，且用0.05 mm塞尺应不能塞入；基准面与轴线的垂直度应符合要求。齿轮与齿轮、蜗轮与蜗杆装配后应盘车检查，其转动应平稳、灵活，且无异常声响。

用着色法检查传动齿轮啮合的接触斑点时，应将颜色涂在小齿轮或蜗杆上，在轻微制动下，用小齿轮驱动大齿轮，使大齿轮转动3～4圈。圆柱齿轮和蜗轮的接触斑点，应趋于齿侧面中部；圆锥齿轮的接触斑点，应趋于齿侧面的中部或接近小端，齿顶和齿端棱边不应有接触。

接触斑点百分率，不应小于表2-9中的规定，宜采用透明胶带取样，并贴在坐标纸上保存、备查。可逆转的齿轮副，齿的两面均应检查。

表2-9　传动齿轮啮合的接触斑点　　　　　单位：mm

精度等级	圆柱齿轮		圆锥齿轮		蜗　　轮	
	沿齿高	沿齿长	沿齿高	沿齿长	沿齿高	沿齿长
5	55	80	65～85	60～80	65	60
6	50	70	55～75	50～70		
7	45	60			55	50
8	40	50	40～70	30～65		
9	30	40			45	40
10	25	30	30～60	25～55		
11	20	30			30	

（1）圆柱齿轮传动的装配方法

齿轮装配顺序一般都是从最后一根被动轴开始，逐级进行装配。

齿宽小于或者等于100 mm时，轴向错位应小于或者等于齿宽的5%，齿宽大于100 mm时，轴向错位应小于或者等于5 mm。

装配轴中心线平行且位置为可调结构的渐开线圆柱齿轮副的中心距极限偏差符合设计要求或如表2-10所列，齿轮副第n公差组精度等级划分，应符合现行国家标准（渐开线圆柱齿轮精度KGB/T10095）的有关规定。中心距极限偏差指齿宽的中间平面上实际中心距与公称中心距之差。

表2-10　渐开线圆柱齿轮副的中心距的极限偏差

齿轮副公称中心距 /mm	齿轮副第Ⅱ公差组精度					
	1～2	3～4	5～6	7～8	9～10	11～12
	极限偏差/mm					
6～10	2	4.5	7.5	11	18	45
10～18	2.5	5.5	9	13.5	21.5	55
18～30	3	6.5	10.5	16.5	26	65
30～50	3.5	8	12.5	19.5	31	80
50～80	4	9.5	15	23	37	90
80～120	5	11	17.5	27	43.5	110
120～180	6	12.5	20	31.5	50	125
180～250	7	14.5	23	36	57.5	145
250～：n5	8	16	26	40.5	65	160
315～400	9	18	28.5	44.5	70	180
400～500	10	20	31.5	48.5	77.5	200
500～630	11	22	35	55	87	220
630～800	12.5	25	40	62	100	250
800～1000	14.5	28	45	70	115	280
1000～1250	17	33	52	82	130	330
1250～1600	20	39	62	97	155	390
1600～2000	24	46	75	115	185	460
2000～2500	28.5	55	87	140	220	550
2500～3150	34.5	67.5	105	165	270	675

①齿轮的接触精度可用涂红丹粉等方法进行检验。

②装配后保证齿轮的合理齿侧隙，参见表2-11。

表2-11　圆柱齿轮的最小法向极限侧隙 单位：um

轮箱温差/℃	侧隙种类	齿轮中心距a/mm						
		≤80	80～125	125～180	180～250	250～315	315～400	400～500
0	h	0	0	0	0	0	0	0
6	e	30	35	40	46	52	57	63
10	d	46	54	63	72	81	89	97
16	c	74	87	100	115	130	140	155
25	b	120	140	160	185	210	230	250
40	a	190	220	250	290	320	360	400

③用压铅法检查齿轮啮合间隙时，铅条直径不宜超过间隙的3倍，铅条长度不应小于5个齿距，沿齿宽方向应均匀放置不少于2根铅条。

④齿轮传动部件的装配工序包括2步，先将齿轮装到轴上，再将齿轮及轴组件装入箱体。

齿轮在轴上的装配方法如下：

在轴上装配空套或滑移的齿轮，一般采用间隙配合，装配精度主要取决于零件本身的制造精度，装配时要注意检查轴、孔的尺寸公差和精度。

在轴上装配固定的齿轮，其与轴一般为过渡配合或过盈量较小的过盈配合。当过盈量较小时，可用手工工具敲入。对于低速重载的齿轮，一般过盈量很大，可用温差法装配。齿轮装到轴上时要避免偏心、歪斜等安装误差。对于精度要求高的齿轮，装到轴上后需检查其径向跳动和端面跳动量。

齿轮及轴组件装入箱体的方法如下：

齿轮、轴组件在箱体上的装配精度除受齿轮在轴上的装配精度影响外，还与箱体的几何精度有关，如与箱体孔间的同轴度、轴线间的平行度，以及孔的中心距偏差等有关，同时还可能与相邻轴上的齿轮相对位置有关。

装配齿轮、轴组件前应对箱体进行检验，应检查箱体上的孔距、孔系的平行度、轴线与基准面的尺寸距离及平行度、孔轴线与端面的垂直度、孔轴线的同轴度等精度要求。为了保证齿轮副的装配精度，在装配时要进行调整，必要时还要进行修配。使用滑动轴承时，箱体等零件的有关加工误差可用刮研轴瓦孔的方法来补偿。使用滚动轴承时，必须严格控制箱体加工精度，有时也可用加偏心套调整或加配衬板法来提高齿轮的接触精度。

⑤高运动精度的装配调整：首先要保证齿轮的加工精度，并可以通过定向装配法来得到高装配精度。在装配传动比为1∶1或其他整数的1对啮合时，应根据其齿距

累积误差的分布状况，将一个齿轮的累积误差最大相位与另一齿轮的累积误差最大相位相对应，使齿轮的加工误差得到一定程度的补偿。对于齿轮的径向跳动误差和端面跳动误差，可以分别测定齿轮定位面、轴承定位面及其他相关零件的误差相位，装配时通过相位的适当调整抵消有关零件的误差。

（2）锥齿轮传动的装配方法如下：

①应保证啮合齿轮处于正确位置。装配中必须使啮合齿轮中心线相交，并有正确的夹角，啮合齿的端面应齐平。

②应保证合理的齿轮间隙。可以通过固定一个齿轮，同时将另一个齿轮沿轴向移动的方法进行调整，当达到准确啮合位置时，将该齿轮位置进行固定。

③齿面接触精度可用涂红丹粉等方法进行检验。

④锥齿轮装配对侧隙的要求可按照分度圆大端至锥顶的距离，即锥顶距的不同值，对照圆柱齿轮中心距所对应的最小法向极限侧隙选取。锥齿轮的齿侧间隙可以用塞尺、压铅丝或千分尺进行检查。

③蜗轮蜗杆传动的装配方法如下：

⑤应保证相啮合的蜗轮与蜗杆处于正确位置，使蜗杆中心轴线处于蜗轮中心平面内。

⑥蜗轮和蜗杆轴心线间的中心距应依据装配图尺寸及公差确定。中心距可调整的蜗轮蜗杆副，其中心距的极限偏差应符合表2-12的规定。蜗轮与蜗杆传动最小法向侧间隙，应符合文件规定，或按表2-13的规定执行（蜗轮转动最小法向侧隙大小分8种，a等最大，h等最小为0，侧间隙种类与精度等级无关，侧间隙要求应依工作条件和使用要求而定）。

表2-12 蜗轮和蜗杆中心距的极限偏差

传动中心距/mm	精密等级											
	1	2	3	4	5	6	7	8	9	10	11	12
	极限偏差/um											
≤30	3	5	7	11	17	26		42		65		
30～50	3.5	6	8	13	20	31		50		80		
50～80	4	7	10	15	23	37		60		90		
80～120	5	8	11	18	27	44		70		110		
120～180	6	9	13	20	32	50		80		125		
180～250	7	10	15	23	36	58		92		145		
250～315	8	12	16	26	40	65		105		160		
315～400	9	13	18	28	45	70		115		180		
400～500	10	14	20	32	50	78		125		200		

续表

传动中心距/mm	精密等级											
	1	2	3	4	5	6	7	8	9	10	11	12
	极限偏差/um											
500～630	11	16	22	35	55		87		140		220	
630～800	13	18	25	40	62		100		160		250	
800～1000	15	20	28	45	70		115		180		280	
1000～1250	17	23	33	52	82		130		210		330	
1250～1600	20	27	39	62	97		155		250		390	
1600～2000	24	32	46	75	115		185		300		460	
2000～2500	29	39	55	87	140		220		350		550	

表2-13 蜗轮和蜗杆中心距的最小法向侧间隙

传动中心距/mm	侧间隙种类							
	H	g	f	e	d	c	b	a
	最小法向间隙/um							
≤30	0	9	13	21	33	52	84	130
30～50	0	11	16	25	39	62	100	160
50～80	0	13	19	30	46	74	120	190
80～120	0	15	22	35	54	87	140	220
120～180	0	18	25	40	63	100	160	250
180～250	0	20	29	46	72	115	185	290
250～315	0	23	32	52	81	130	210	320
315～400	0	25	36	57	89	140	230	360
400～500	0	27	40	63	97	155	250	400
500～630	0	30	44	70	110	175	280	440
630～800	0	35	50	80	125	200	320	500
800～1000	0	40	56	90	140	230	360	560
1000～1250	0	46	66	105	165	260	420	660
1250～1600	0	54	78	125	195	310	500	780
1600～2000	0	65	92	150	230	370	600	920
2000～2500	0	77	110	175	280	440	700	1100

蜗轮、蜗杆轴心线应垂直交叉成90°，轴心线倾斜度应符合设计要求。

装配质量的综合检查，可以通过在齿面上涂抹红丹粉进行检查。

4．螺旋传动的装配

（1）螺旋传动的分类和应用

螺旋传动是指利用螺杆和螺母的啮合来传递动力和运动的机械传动。按工作特点的不同，螺旋传动可分为传力螺旋、传导螺旋和调整螺旋3种。

①传力螺旋。以传递动力为主，它用较小的转矩产生较大的轴向推力，一般为间歇工作，工作速度不高，而且通常要求自锁，如螺旋压力机和螺旋千斤顶上的螺旋。

②传导螺旋。以传递运动为主，常要求具有高的运动精度，一般在较长时间内连续工作，工作速度也较高，如机床的进给螺旋，即丝杠螺母副，通常称其进行"丝杠传动"。

③调整螺旋。用于调整并固定零件或部件之间的相对位置，一般不经常转动，要求自锁，个别时候要求很高精度，如机器和精密仪表微调机构的螺旋。

按螺纹间摩擦性质的不同，螺旋传动可分为滑动螺旋传动和滚动螺旋传动。滑动螺旋传动又可分为普通滑动螺旋传动和静压螺旋传动。而传导螺纹又分为滑动螺旋传动、静压螺旋传动和滚动螺旋传动。一般称滚动螺旋传动机构为滚珠丝杠。

滚珠丝杠与滑动丝杠副相比，由于其丝杆与螺母之间有很多滚珠做滚动，而且由专门厂家保证了其加工及装配精度，所以其产生的摩擦力矩小（一般仅为滑动丝杠的1/3），传动效率高，易保证高精度无侧隙、刚性高，可以实现微进给及高速进给，因而广泛用于伺服和高速传动系统中。滚动丝杠传动的缺点是运动不能自锁，因此在需要制动的场合，应另设制动机构，也可直接选用带有制动装置的电机。

（2）滚珠丝杠副的安装方式通常有以下几种

①双推-自由方式。安装方式为丝杠一端固定，另一端自由。力和径向力，这种支承方式用于行程小的短丝杠。

②双推-支承方式。安装方式为丝杠一端固定，另一端支承。力和径向力；支承端轴承只承受径向力，而且能作微量的轴向移动，可以避免或减少丝杠因自重而发生的弯曲现象。另外，丝杠在热变形情况下可以自由地向一端伸长。

③双推-双推方式。安装方式为丝杠两端均固定。两个固定端的轴承都可以同时承受轴向力和径向力，这种支承方式可以产生对丝杠适当的预拉力，提高丝杠的支承刚度，也可以部分补偿丝杠的热变形，但不适合丝杠有较大的热变形情况。

④采用丝杠固定、螺母旋转的传动方式。其特点为螺母一边转动、一边沿固定的丝杠作轴向移动。由于丝杠不动，可避免受临界转速的限制，避免了细长滚珠丝杠高速运转时出现的振动等问题。螺母惯性小、运动灵活，可实现高转速。此种方式可以对丝杠施加较大的预拉力，提高丝杠支承刚度，补偿丝杠的热变形。

（3）滚珠丝杠副的装配方法

滚珠丝杠副应当仅承受轴向负荷。径向力、弯矩会使滚珠丝杠副产生附加表面接触力，从而可能造成丝杠的永久性损坏。因此，滚珠丝杠副在设备上安装时，应注意以下几点：

①安装前应检查其外观和型号。丝杠螺母副要求一定的预紧方式、预紧量和传动精度，这类指标在定货后通常由生产厂家完成。

②在装配时，应保证丝杠的轴线与相对应的导轨中心平面的平行度，安装滚珠丝杠的不同轴承座孔的轴线，应保证同轴度要求；在装配时，还应保证丝杠轴承座孔的轴线与螺母安装孔轴线的同轴度。

③在安装螺母时，应尽量靠近支承轴承；同样在安装支承轴承时，也应使螺母靠近。

④调整丝杠轴承的预紧力。在传动精度较高时预紧力要求相对较大；而在高速轻载和传动精度要求较低的场合，可以选择小的预紧力或只适当调整安装间隙而不进行预紧。预紧力过大会使摩擦力增大、产生大量热，并且增加传动的力矩。

五、联轴器的分类与装配

联轴器是用来把两轴联接在一起传递运动与转矩，机器停止运转后才能接合或分离的一种装置。联轴器经常作为电机与减速器等的联接，应用广泛。联轴器的型号与规格应依据所需传动的力矩、转速及被联接轴径等来确定。

1. 联轴器的分类

按联轴器是否允许装配偏差分类，分为固定式联轴器和移动式联轴器。

（1）固定式联轴器

固定式联轴器要求被联接的轴间具有较高的同轴度，连接强度较高，常作为大力矩的传递。固定式联轴器包括凸缘联轴器、套筒联轴器和夹壳联轴器等。由于实际被连接轴间有时存在的不同轴等误差，会使轴和支撑轴的轴承受径向载荷，损坏轴或使轴承过载，从而影响联轴器的正常使用。

①凸缘联轴器。凸缘联轴器分为普通凸缘联轴器和有对中槽的凸缘联轴器2种。其结构简单、成本低、可传递较大的转矩，用于载荷较平稳的两轴连接。凸缘联轴器的半联轴器通过键与传动轴相连接，用螺栓将两个半联轴器的凸缘连接在一起。

②套筒联轴器。套筒联轴器分为键连接和销连接2种形式，通过键或销将主动轴的运动和动力通过套筒传递给从动轴。其结构简单、工作可靠，在装配时对两轴的同轴度要求较高。

③夹壳联轴器。夹壳联轴器其以螺栓压紧夹壳，分别夹住被连接的两轴，并以摩擦力进行传动，其传递动力相对较小，传动无间隙。

（2）移动式联轴器

移动式联轴器在一定程度上能补偿两轴间的相对位移，降低了对装配精度的要求，但结构复杂。其可进一步分为刚性移动式联轴器和弹性移动式联轴器2种。

①刚性移动式联轴器。利用联轴器工作零件间的间隙和结构特性来补偿两轴的

相对位移。但因无弹性元件，故不能缓冲减振。刚性移动式联轴器包括滑块联轴器、齿式联轴器、十字轴万向联轴器和链条联轴器等。固定式联轴器和刚性移动式联轴器也被合称为刚性联轴器。

滑块联轴器　滑块联轴器由2个端面开有径向凹槽的半联轴器、两端各具有凸槽的中间滑块构成。滑块两端的槽头互相垂直，嵌入凹槽中，构成移动副。当两轴存在不对中和偏斜时，滑块将在凹槽内滑动。其结构简单、制造容易。滑块因偏心产生离心力和磨损，会给轴和轴承带来附加动载荷。其角度补偿量为$a<30$、径向补偿量为轴径，速度$v\leqslant300r/min$。

齿式联轴器　齿式联轴器，由2个有内齿的外壳、2个带有外齿的半联轴器等构成。外齿的齿数与内齿的齿数相同，外齿可做成正常齿或球形齿顶的腰鼓齿。半联轴器与传动轴用键联接，两外壳用螺栓联接。两端密封，空腔内储存润滑油。能补偿轴不对中和偏斜，正常齿补偿量为$a\leqslant30$；腰鼓齿补偿量为$a<3°$。其传递扭矩大，能补偿综合位移，结构笨重、造价高，常用于重载传动。

万向联轴器　万向联轴器的结构及使用状态，其用于传递两相交轴之间的动力和运动，而且在传动过程中，两轴之间的夹角是可以改变的。万向联轴器广泛应用于汽车、机床等机械传动系统中。轴间允许角为$a=0°\sim45°$。

链条联轴器链条联轴器由2个带有相同齿数链轮的半联轴器和1条联接用的滚子链组成。该联轴器的特点是结构简单，拆装方便，传动效率高，适于恶劣的工作环境，但不能承受轴向力。

②弹性移动式联轴器。也称弹性联轴器，利用联轴器中的弹性元件变形，来补偿两轴间的相对位移，而且具有缓冲减振的能力。弹性联轴器包括弹性套柱销联轴器、弹性柱销联轴器和轮胎式弹性联轴器等。

弹性套柱销联轴器弹性套柱销联轴器的外观和结构。其外观与凸缘联轴器相似，用带橡胶弹性套的柱销联接2个半联轴器。由于联轴器的动力通过弹性元件传递，因而可缓和冲击、吸收振动。该联轴器在装配时应预留间隙以补偿轴向位移G，预留安装空间A，以便于更换橡胶套。

弹性柱销联轴器　弹性柱销联轴器的外观和结构。其以,2个半联轴器凸缘孔中的弹性柱销传递动力。弹性柱销联轴器的结构简单、更换柱销方便，适用于经常正反换向、启动频繁的高速轴。该联轴器能补偿较大的轴向位移，并允许微量的径向位移和角位移。

轮胎式弹性联轴器　轮胎式弹性联轴器的外观和结构。轮胎式弹性联轴器的结构简单，其联接部分为橡胶制成的轮胎环，用止退垫板将其与半联轴器联接。轮胎环的变形能力强，允许较大的综合位移。最大允许装配偏差为$a\leqslant3°\sim5°$，轴向偏差$\chi\leqslant0.02$倍的轮胎环直径，径向偏差：$y<0.01$倍的轮胎环直径，转速$n\leqslant5000r/min$。该联轴器适用于启动频繁、正反向运转、有冲击振动、有较大轴向位移、潮湿多尘的场合。

2．联轴器的选用

（1）联轴器的类型选用

①根据两轴的对中情况进行选择。如在装配时能够实现严格对中、保证同轴度等要求，可选用固定式联轴器；如装配时不能保证严格对中，或工作时会发生位移，则应选用移动式联轴器，其中包括刚性移动式联轴器和弹性联轴器。

②根据载荷情况进行选择。如果载荷平稳或变动不大，可选用刚性联轴器；如果经常起动制动或载荷变化大，宜使用弹性联轴器。

③根据速度情况进行选择。在工作转速小于联轴器许用转速情况下，低速宜选用刚性联轴器；高速宜选用弹性联轴器。

④根据环境情况进行选择。如环境温度小于-20℃或高于45℃时，不宜选用具有橡胶或尼龙作为弹性元件的联轴器。

（2）联轴器的型号选用

根据被联接轴的直径和转速等，并依据设计要求计算出所需转矩，再乘以安全系数（一般取1.5～3）后，可通过网络或厂家提供的产品样本进行联轴器具体型号、性能的查寻和定货。

3．联轴器的装配

联轴器所联接的两轴，由于制造及安装误差、承载后的变形以及温度变化的影响等，往往不能保证严格的对中，而是存在着一定程度的相对位移。联轴器两轴通常产生4种偏移形式，分别为轴向偏移、径向偏移、角度偏移和综合偏移，分别如图2-27（a）、（b）、（c）、（d）所示。由于安装的场合和用途不同，这就要求合理选用联轴器的型号和规格，并采用合理的装配方法，使之达到较高安装精度，或使所选用的联轴器具有适应一定范围相对位移的能力。

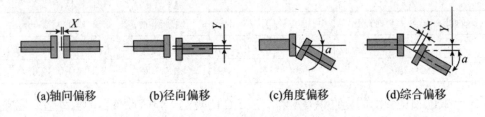

(a)轴间偏移　　(b)径向偏移　　(c)角度偏移　　(d)综合偏移

图2-27　联轴器两轴的偏移形式

（1）联轴器的装配要求

①刚性联轴器的装配应有较高同轴度要求。

②联轴器的连接件应联接牢固。

③弹性联轴器，如十字滑块式、齿轮式、弹性圆柱销式（或尼龙圆柱销式）联轴器、万向联轴器和弹性膜片式联轴器等，虽不同程度允许其安装的径向尺寸偏差和角度偏差，但要注意依据其产品样本的要求，并尽量减小装配误差。

（2）联轴器的装配方法

联轴器装配的原则是严格按照装配图纸要求和相关规定进行，并具体参考联轴器样本中的装配允许误差和注意事项。

①轮毂在轴上的装配方法。轮毂与轴的配合大多为过盈配合，联接分为有键联接和无键联接。轮毂的轴孔又分为圆柱形轴孔与锥形轴孔2种形式。过盈联接的装配方法如前所述，包括击装法、压装法、温差装配法、液压无键联接装配法等。击装法不宜用于装配铸铁等脆性材料制造的轮毂，因为有局部损伤的可能。而温差装配法对于用脆性材料制造的轮毂较为适合，使用该装配法时，大多采用热装法，而冷装法较少采用。

②轮毂在轴上的测量方法。半联轴器装配后，应进行径向、轴向偏移量及角度偏差的测量，其值应小于设计要求值。

联轴器装配后，应仔细检查轮毂与轴的垂直度和同轴度。联轴器的端面间隙，应在两轴轴向窜动至端面的间隙为最小值的位置上测量。一般是在轮毂的端面和外圆设置2块百分表，盘车使轴转动时，观察轮毂全跳动（包括端面全跳动和径向全跳动）的数值，判定轮毂与轴的垂直度和同轴度的情况。不同转速的联轴器对全跳动的要求值不同，不同型式的联轴器对全跳动的要求值也各不相同，但是，轮毂在轴上装配完后，必须使轮毂全跳动的偏差值在设计要求的公差范围内，这是联轴器装配的主要指标之一。

③各种联轴器的装配要求及安装偏差。凸缘联轴器应使2个半联轴器紧密接触，半联轴器的凸缘端面应与轴线垂直，安装时应严格保证两轴线的同轴度。两轴的径向和轴向位移不应大于0.03 mm。

滑块联轴器装配的允许偏差应符合表2-14的规定。

表2-14　滑块联轴器的装配允许偏差

联轴器外形最大直径/mm	两轴心径向位移/mm	两轴线倾斜	端面间隙/mm
≤190	0.05	0.3/1000	0.5～1.0
250～330	0.10	1.0/1000	1.0～2.0

齿式联轴器装配的允许偏差应符合表2-15的规定。检查联轴器的内外齿，应啮合良好，并在油浴内工作，不得有漏油现象。

表2-15　齿式联轴器的装配允许偏差

联轴器外形最大直径/mm	两轴心径向位移/mm	两轴线倾斜	端面间隙/mm
170～185	0.30	0.5/1000	2～4
220～250	0.45		
290～430	0.65	1.0/1000	5～7
490～590	0.90	1.5/1000	

续表

联轴器外形最大直径/mm	两轴心径向位移/mm	两轴线倾斜	端面间隙/mm
680～780	1.20		7～10

轮胎式联轴器应检查轮胎表面，不应有凹陷、裂纹、轮胎环与骨架脱粘现象，半联轴器表面应无裂纹、夹渣等缺陷。装配的允许偏差应符合表2-16的规定。

表2-16　轮胎式联轴器的装配允许偏差

联轴器外形最大直径/mm	两轴心径向位移/mm	两轴线倾斜	端面间隙/mm
120			8～10
140	0.5	1.0/1000	10～13
160			13～15
180			15～18
200			18～22
220			
250	1.0	1.5/1000	22～26
280			
320～360			26～30

弹性套柱销联轴器装配前进行检查，弹性套外表面应光滑平整，半联轴器表面无裂纹、夹渣等缺陷。弹性套应紧密地套在柱销上，不应松动。弹性套与柱销孔壁的间隙应为0.5～2 mm，柱销弹簧应有防松装置。装配的允许偏差应符合表2-17的规定。

表2-17　弹性套柱销联轴器的装配允许偏差

联轴器外形最大直径/mm	两轴心径向位移/mm	两轴线倾斜	端面间隙/mm
71			
80	0.1		
95			
106			
130			3～5
160	0.15		
190		0.2/1000	

续表

联轴器外形最大直径/mm	两轴心径向位移/mm	两轴线倾斜	端面间隙/mm
224			
250	0.2		4～6
315			
400			
475	0.25		5～7
600	0.3		

梅花形弹性联轴器装配前进行检查，弹性件外表面应光滑平整，半联轴器表面无裂纹、夹渣等缺陷。装配的允许偏差应符合表2-18的规定。

表2-18　梅花弹性联轴器的装配允许偏差

联轴器外形最大直径/mm	两轴心径向位移/mm	两轴线倾斜	端面间隙/mm
50	0.10		2～4
70～105	0.15		
125～170	0.20	1.0/1000	3～6
200～230	0.30		
260	0.30		6～8
300～400	0.35	0.5/1000	7～9

④安装前先把零部件清洗干净，防止生锈。

⑤对于应用在高速旋转机械上的联轴器，一般在制造厂都做过动平衡试验，在动平衡试验合格后画上各部件之间互相配合方位的标记。在装配时必须按制造厂给定的标记组装，并保证对称位置的各个连接螺栓的重量基本一致，否则会因质量不平衡而引起设备的振动。

六、离合器与制动器的分类与装配

离合器与制动器是在机器运转过程中，可使两轴随时接合或分离的一种装置。它可用来操纵机器传动系统，实现变速及换向等作用。

1. 离合器

离合器与联轴器的区别：离合器和联轴器，虽都用于连接两轴，并在不同轴间传递运动和转矩，但离合器可根据实际需要在机器运转时即可实现轴间运动和动力的传递和断开，达到控制的目的。而联轴器则只能在机器停车后，用拆卸的方法才能实现被联接两轴的分离。

离合器的种类很多，大多已标准化，使用中只需正确选择即可。

1）离合器的种类及特点

离合器按其工作原理可分为啮合式离合器和摩擦式离合器两类。啮合式离合器利用牙（或齿）啮合方式传递转矩可以保证两轴同步运转，但只能在低速或停车时进行离合，例如牙嵌式离合器等；摩擦式离合器利用工作表面的摩擦传递扭矩，能在任何转速下离合，有过载保护功能，但由于存在摩擦面间的打滑现象，所以不能保证两轴同步转动。

离合器按离合控制方法不同，可分为操纵式离合器和自动式离合器两类。操纵式离合器按操纵方式分为机械操纵式、电磁操纵式、液压操纵式和气压操纵式等；自动式离合器包括超越离合器（也称单向离合器）、离心式离合器和安全离合器等，是一种能根据机器运转参数（如转矩、转速或转向）的变化而自动完成接合和分离动作的离合器。

①牙嵌式离合器。牙嵌式离合器，它由端面带牙的固定套筒、活动套筒、对中环和滑环等组成。使用时可利用操纵杆移动滑环，从而实现两套筒的结合与分离。

②摩擦式离合器。一般分为单片式圆盘摩擦离合器、多片式圆盘摩擦离合器和圆锥式摩擦离合器。

单片式圆盘摩擦离合器由固定圆盘、活动圆盘和滑环组成。通过移动滑环可实现两圆盘的结合与分离，靠摩擦力带动从动轴转动。优点是：在任何转速条件下两轴都可以实现结合；过载时打滑，起安全保护作用；结合平稳、冲击和振动小。缺点是：结合过程中不可避免出现打滑现象，引起磨损和发热；传动不同步。多片式圆盘摩擦离合器是利用多个摩擦片叠加在一起来传递动力。当移动滑环时，通过杠杆作用，压紧或放松磨擦片，来实现两轴的结合与分离。摩擦片分内、外摩擦片，内摩擦片与从动轴的内套筒连接，外摩擦片与主动轴的外壳连接。

圆锥式摩擦离合器的圆锥表面为摩擦接触面，只需要很小的操纵力即能使离合器传递较大的转矩。但由于该离合器的径向尺寸较大，其结构不紧凑。

③超越离合器。超越离合器分为滚柱式超越离合器和楔块式超越离合器2种。

滚柱式超越离合器的结构由星轮（也称内环）、外环、滚柱、弹簧推杆等零件组成。滚柱在弹簧推杆的作用下处于半楔紧状态，当外环逆时针转动时，以摩擦力带动滚柱向前滚动，进一步楔紧内外接触面，从而驱动星轮一起旋转。当外环反向转动时，则带动滚柱克服弹簧力而滚到楔形空间的宽敞位置，离合器处于分离状态。

楔块式超越离合器的结构由内环、外环、楔块、支撑环和拉簧等零件组成。内、外环工作面都为圆形，整圈拉簧压着楔块始终与内环接触，并力图使楔块绕自身作逆时针方向偏摆。当外环顺时针旋转时，楔块克服弹簧力而作顺时针方向摆动，从而在内外间越楔越紧，离合器处于结合状态。当外环反向旋转时，斜块松开而成分离状态。由于楔块曲率半径大，装入数量多，相同尺寸时传递的转矩更大，但不适合高转速的传动。

④安全离合器。安全离合器分为摩擦式安全离合器和牙嵌式安全离合器等，在其所传递的转矩超过一定数值时自动分离，所以起到安全脱离和避免过载的作用。其传递转矩大小靠调整弹簧压缩量控制，弹簧压得越紧，弹力越大，则允许传递的转矩也越大。

⑤离心式离合器。离心式离合器是利用离心力的作用来控制接合和分离的一种离合器，有自动接合式和自动分离式2种。自动接合式离合器，当主动轴的转速达到一定值时，由于离心力增大而克服弹簧力的作用，使闸块与鼓轮的内表面接触，依靠摩擦力实现主动轴与鼓轮一同转动。自动分离式离合器则相反，当主动轴达到一定转速时能自动分离。

⑥磁粉离合器。磁粉离合器的结构由外轮鼓、转子轴、轮芯、励磁线圈和磁粉等组成。转子轴6与轮芯5固定联接，在轮芯外缘的槽内绕有环形激磁线圈4，在从动外轮鼓2与轮芯间形成的气隙中填入了高导磁率的磁粉。当线圈通电时，形成一个经轮芯、间隙和外轮鼓的闭合磁通，磁粉因被磁化而彼此相互吸引聚集，联轴器此时可依靠磁粉的结合力以及磁粉与两工作面之间的摩擦力来传递转矩。当断电时，磁粉处于自由松散状态，离合器即被分离。

磁粉离合器的优点是励磁电流与转矩呈线性关系，转矩调节简单而且精确，调节范围宽。因可用作恒张力控制，所以广泛应用于造纸机、纺织机、印柳机、绕线机等，操纵方便、离合平稳、工作可靠。

2）离合器的装配要求

（1）离合器的相应部件应能可靠结合和分离，结合时能传递规定要求的转矩，工作平稳可靠。

（2）离合器两半轴应保证同轴，离合端面应相互平行，并符合初始间隙要求。

（3）对不同种类的联轴器，如摩擦式离合器、牙嵌式离合器和超越离合器等，应有不同的安装技术要求。

①湿式多片摩擦离合器。摩擦片应能灵活地沿花键轴移动；在接合位置扭力超过规定时，应有打滑现象；在脱开位置时，主动与从动部分应能彻底分离，不应有阻滞现象；离合器的摩擦片接触面积不应小于总摩擦面积的75%；离合器润滑油的黏度应符合规定。

②干式单片摩擦离合器。各弹簧的弹力应均匀一致；各联接销轴部分应灵活，无卡阻现象；摩擦片的联接铆钉头不得外露，应低于表面1mm；摩擦片必须清洁、干燥，工作面不应沾有油污和杂物；离合器的摩擦片接触面积应不小于总摩擦面积的75%。

③圆锥离合器。内、外锥面应接触均匀，其接触面积应不小于总摩擦面积的85%；离合器动作应平稳、准确、可靠。

④牙嵌式离合器。嵌齿不应有毛刺，应清洗洁净；离、合动作应准确可靠。

⑤超越离合器。内、外环表面应光滑、无毛刺，其各调整弹簧的弹力应均匀一

致；弹簧滑销应能在孔内自由滑动，无卡阻现象；离合器的安装方向应与设备要求的旋转方向一致；楔块的装配方向应正确无误；主、从动相对运动速度变化时，其离合动作应平稳、准确、可靠。

⑥磁粉离合器。固定螺钉应联接牢固，无松动现象；装配后主、从动转子与固定支承部分之间应转动灵活、无卡阻现象及碰擦杂音，轴向位移应符合相关规定。

另外，应认真理解相应离合器样本的安装要求及技术指标，同一种类型但不同型号规格的离合器安装精度要求并不相同。

2．制动器

制动器是用来降低机械运转速度或迫使机械停止运转的部件。它是利用摩擦力矩来消耗机器运动部件的动能，从而实现制动的。其动作应迅速、可靠，其摩擦副在工作时会发生磨损和产生热量，所以应耐磨，易散热。有些型号的制动器（如磁粉制动器）与离合器在结构上有相似之处。

1）制动器的种类及特点

制动器按工作状态分，有常闭式和常开式。常闭式制动器经常处于紧闸状态，施加外力时才能解除制动（例如：起重机用制动器）。常开式制动器经常处于松闸状态，施加外力时才能制动（例如：车辆用制动器）。

制动器按照制动器的控制方式分为：自动式和操纵式两类。前者如各类常闭式制动器，后者包括用人力、液压、气动及电磁来操纵的制动器。制动器通常装在机构中转速较高的轴上，这样所需制动力矩和制动器尺寸可以小一些。

制动器按照制动的结构特征分为：盘式制动器、瓦块制动器、带式制动器和磁粉制动器等。

①盘式制动器。盘式制动器又称为碟式制动器。它由液压控制，主要零部件有制动盘、分泵、制动钳和油管等。制动盘用合金钢制造并固定在转动轴上，随轴转动。分泵固定在制动器的底板上固定不动。制动钳上的2个摩擦片分别装在制动盘的两侧。分泵的活塞被油管输送来的液压油推动，使摩擦片压向制动盘产生摩擦制动，其动作类似用钳子夹住旋转中的盘子，迫使其停止转动。盘式制动器散热快、重量轻、构造简单、调整方便，适合高负载，其耐高温性能好，制动效果稳定，而且不怕泥水侵袭。在冬季和恶劣路况下使用时，盘式制动比鼓式制动更容易在较短的时间内实现制动。

②瓦块制动器。瓦块制动器作用是通电松开，断电后靠弹簧拉力实现制动，断电制动是为了保证设备安全。当断电后，弹簧拉力通过推杆和制动臂的传动，借助于瓦块与制动轮之间的摩擦力来实现制动。瓦块材料采用铸铁，或铸铁表面覆以皮革或石棉带。瓦块制动器已经规范化，可根据所需制动力矩选型。

③带式制动器。带式制动器在外力的作用下，闸带收紧抱住制动轮实现制动。其结构简单、紧凑，CA6140普通车床的制动就是采用了带式制动器。

④磁粉制动器。磁粉制动器的工作原理和结构参见磁粉离合器，将磁粉离合器的主动轴与机架固定后，即可实现制动器功能。在此不再详述。

2）制动器的装配要求

制动器装配的一般要求：制动器往往是机电设备中最重要的安全装置，与生产的安全性密切相关，所以要严格保证其安装质量，在装配后应经常检查其工作状况。制动器全部传动系统的动作要灵敏、可靠，应按时注油润滑，合理调整弹簧弹力，合理调整松开状态下制动瓦块与制动轮的间隙。

制动器的各调整参数可参考相应的产品样本，各种类型制动器的装配要求不同。

（1）盘式制动器的装配要求如下：

①盘式制动器制动盘的端面跳动应不大于0.5 mm。

②同一制动器的两闸瓦工作面的平行度偏差应不大于0.5 mm。

③同一制动器的支架端面与制动盘中心平面间距的允许偏差为±0.5 mm，支架端面与制动盘中心平面的平行度偏差应不大于0.2 mm。

④闸瓦与制动器的间隙应均匀，其偏差宜为1 mm。

⑤各制动器制动缸的对称中心与主轴轴心在铅垂面内的位置度偏差应不大于3 mm。

⑥制动器在制动时，每个制动衬垫与制动盘工作面的接触面积，应不小于有效摩擦面积的60%。

⑦制动器应调至最大退距，在额定制动力矩、制动弹簧工作力和85%额定电压下操作时，制动器应能灵活地释放；将制动器调至最大退距在50%弹簧工作力和额定电压下，用推动器的额定操作频率操作时，制动器应能灵活地闭合。

（2）瓦块制动器的装配要求如下：

①制动器各销轴应在装配前清洗洁净，油孔应畅通。装配后应转动灵活，并应无阻滞现象。

②同一制动轮的两闸瓦中心应在同一平面内，其偏差应不大于2 mm。

③闸座各销轴轴线与主轴轴线铅垂面的距离，偏差应不超过±1 mm。

④闸座各销轴轴线与主轴轴线水平面的距离，偏差应不超过±1 mm。

⑤闸瓦铆钉应低于闸皮表面2 mm。

⑥制动梁与挡绳板不应相碰，其间隙值应不小于5 mm。

⑦松开闸瓦时，制动轮与闸瓦的间隙应均匀，且不大于2 mm。

⑧制动时，闸瓦与制动轮接触应良好和平稳。各闸瓦在长度和宽度方向，与制

动轮接触长度应不小于80%。

⑨油压或气压制动时，达到额定压力后，在10 min内其压强下降应不超过0.196 MPa。

⑩在额定弹簧工作力和85%的额定电压下操作时，制动器应能灵活释放；在50%额定弹簧工作力和额定电压下，用规定的操作频率操作时，制动器应能灵活闭合。

（3）带式制动器的装配要求如下：

①带式制动器的各连接销轴应转动灵活，无卡阻现象。

②摩擦内衬与钢带铆接应牢固，不应松动；铆钉头应沉入内衬中1 mm以上。

③制动带退距值按表2-19选取和调整。

表2-19　带式制动器的制动带退距值

制动轮直径/mm	制动带退距值/mm
100～200	0.8
300	1.0
400～500	1.25～1.5
600～800	1.5

（4）磁粉制动器的装配要求如下：

①磁粉制动器的螺钉紧固件应连接牢固，无松动现象。装配后主、从动转子与固定支撑部分之间应转动灵活，无卡滞现象及碰擦杂音。

②轴向位移应符合相应规定。

③液冷式制动器不应出现渗漏现象。

④制动器在常温下的绝缘电阻应不小于20 Mn。

第三节　气动系统的安装

一、气动系统的组成及工作原理

1. 气动系统的组成

气压系统由4个部分组成，即气源装置、控制元件、执行元件和辅助元件，如图2-28所示。

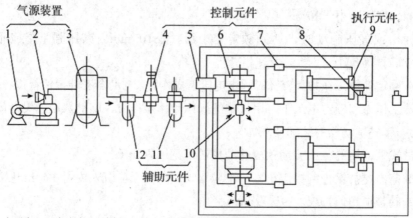

1为电动机；2为空气压缩机；3为储气罐；4为压力控制阀；5为逻辑元件；6为方向控制阀；
7为流量控制阀；8为机控阀；9为气缸；10为消声器；11为油雾器；12为空气过滤器

图2-28 气动系统的组成示意图

①气源装置。是产生压缩空气的装置，例如气泵主要由空气压缩机、储气罐和调压阀等组成。它将电动机提供的机械能转变为气体的压力能，一般提供0.7MPa压强的压缩空气，其主要性能指标是提供的压缩空气最高压强P和流量Q。

②控制元件。是通过调整压缩空气的压强、流量和流动方向，控制气动执行元件（如气缸），从而带动机械传动机构完成预定的工作任务。控制元件包括各种压力控制阀、流量控制阀和方向控制阀等。

③执行元件。是将气体的压力能转换成机械能的一种能量转换装置。它包括实现直线往复运动的气缸和实现转动的摆动气缸等。

④辅助元件。是保证压缩空气的净化，提供气动元件的润滑，进行气动元件间的联接和减小噪声等的元件。它包括过滤器、油雾气、气管、管接头和消声器等。

2. 气动系统及气动元件的工作原理

气动系统的工作原理是利用空气压缩机把电动机或其他原动机输出的机械能转换为空气压力能，然后在控制元件的作用下，通过执行元件把压力能转换为直线运动或回转运动的机械能，从而完成各种预期的运动，实现对外做功。

气动系统所需的压缩空气一般由气泵和气源装置提供，它是将电能转化为气体压力能的转换装置。初始的压缩空气中含有较多的油分、水分和灰尘，需通过气源处理单元，依次完成对压缩空气的过滤、减压和雾化，然后再经过电磁换向阀等控制元件，控制气缸或气动马达，产生直线或旋转运动，带动执行元件完成工作任务。

典型气动系统工作单元的原理图见图2-29。气动系统在安装时要充分考虑气动系统的设计思想，安装时应保证气动系统的正确联接、安装可靠性、执行件的运动速度和缓冲等要求，便于维修和检测。

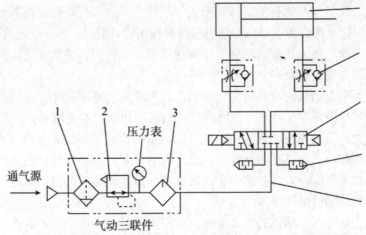

1为空气过滤器；2为减压阀；3为油雾器；4为气管；5为消音器；
6为三位五通电磁换向阀；7为单向节流阀；8为气缸

图2-29　典型的气动系统原理图

（1）气泵的工作原理

气泵的外观如图2-30所示。安装在气泵上的电动机输出轴上装有带轮，通过三角带使气泵的空气压缩机曲轴转动，曲柄连杆机构带动活塞往复直线运动，使空气压缩。经压缩过的高压气体通过气管进入储气罐，而储气罐又通过一根气管将其中的气体输送到固定在气泵上的调压阀，由调压阀调整气体压强大小并由压力表显示。

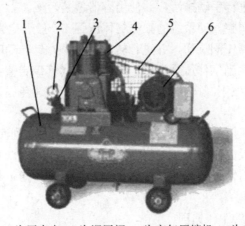

1为储气罐；2为压力表；3为调压阀；4为空气压缩机；5为三角带；6为电机

图2-30　气泵

调压阀的工作原理是当储气罐内的气压未达到调压阀的调定压强时，从储气筒内进入调压阀的气体不能顶开调压阀的阀门；当储气罐内的气压达到调压阀的调定压强时，从储气罐内进入调压阀的气体顶开调压阀的阀门，进入气泵内与调压阀相通的气管，并通过气管控制使气泵的进气口常开，从而使气泵空负荷运转，达到减少动力损耗、保护气泵的目的。储气罐内的气压会因使用损耗而逐渐降低，当低于调压阀调定的压力时，调压阀内的阀门由弹簧作用将其复位，断开气泵的控制气路，气泵又重新开始工作。调压阀的调定压强通过螺钉调整弹簧的预紧力实现，其调定压强可通过压力表进行观察。

气泵是利用发动机的冷却液进行冷却的。发动机的冷却液经水管进入气泵压缩机，在压缩机内循环后又经水管流回到发动机的冷却系统实现散热。

气泵的润滑是利用发动机的机油进行的。发动机的机油经油道通过油管进入气泵曲轴内的油道，润滑轴瓦和连杆瓦，之后流回气泵的曲轴箱内。曲轴又将曲轴箱内的机油通过飞溅润滑方式对缸套和活塞进行润滑，最后气泵曲轴箱内的机油通过管道又流回到发动机进行冷却。

压力开关是空气压缩机的重要部件。调整方法是：利用螺丝刀取下压力开关外壳，用扳手旋转六角螺栓，"+"号方向为调高压强，"-"号方向为降低压强。

（2）气动三联件的工作原理

气动三联件，也称气源处理单元，其主要由空气过滤器、减压阀和油雾器3部分组成。现在很多设备的气源处理使用气动二联件，仅由空气过滤器和减压阀两部分组成，而不向电磁阀、气缸等供给油雾。

空气过滤器的作用是除去压缩空气中的油分和水分等，通过离心和过滤方式将其沉积在其下方的杯中。当杯中污液接近警戒线时应及时进行排污处理，其排污方式分为自动排污和手动排污2种方式。前者需在其下方接管，连接至排污处；后者则需操作人员扳动阀门进行手动排污，并使用容器盛装污液。

减压阀的作用是调整气动系统的工作气体压强，一般设定为0.5～0.6MPa，其调压方法是先用手拨起减压阀旋钮，并进行转动，当顺时针转动时压强值增加，逆时针转动时压强值减小，当气体压强调整至所需值后（其调定值在通气状态下可在压力表上读出），应立即按下减压阀旋钮（发出轻响），以避免因误操作而使气动系统的工作压强发生改变。

油雾器的作用是在压缩空气中混入雾状油颗粒，从而达到润滑气动系统的目的。其原理是利用文氏管效应产生的负压将油吸起，并经压缩空气吹散，而混合成油雾状态。油雾器在使用前需进行注油，注油量应超过油杯的指示刻度线，否则将影响雾化效果。

（3）方向控制阀的工作原理

方向控制阀的作用是改变高压气体流动方向或通断。按阀内气体的流动方向可将气动控制阀分为单向型和换向型。只允许气体沿一个方向流动的控制阀称为单向型控制阀，如单向阀、梭阀和快速排气阀等；可以改变气体流动方向的控制阀称为换向型控制阀，简称换向阀，如电磁换向阀和气控换向阀等。方向控制阀有气压、电磁、人力和机械4种控制方式。

电磁换向阀（简称电磁阀）是最常用的方向控制阀。电磁阀是以电控方式，通过改变气流的流动方向或通断来控制气缸等的运动。常用的气动电磁阀有二位五通阀、三位五通阀等。多个电磁阀的组合安装。由于采用了汇流板进行安装，其安装结构较为紧凑。此安装方法适合较多电磁阀的紧密式安装，或需要集中控制和调试的场合。

（4）流量控制阀的工作原理

在气动系统中，经常要求控制气动执行元件的运动速度，这要靠调节压缩空气的流量来实现。流量控制阀的工作原理是通过改变阀的通流截面积来实现对气体流量的控制，其包括节流阀、单向节流阀等种类。

单向节流阀在原理上是由单向阀和节流阀组合而成，常用于控制气缸的运动速度。单向节流阀当高压空气从1口进入时，单向阀阀芯2被顶在阀座上，空气只能从节流口4流向出口2，流量被节流口的大小所限制，通过调节针阀位置可以调节节流面积。当高压空气从2口进入时，克服了弹簧力，推开单向阀阀芯后流到1口，流量不受节流口的限制。

（5）行元件的工作原理

气动执行元件是将压缩空气的压力能转化为机械能的能量转换装置，包括气缸和气动电动机。气缸用于实现直线往复运动，摆动气缸和气动电动机分别实现摆动和回转运动。

气缸的结构简单、工作可靠，适用于有清洁要求的食品行业、可能发生火灾或爆炸的场合。气缸的运动速度可达到1～3 m/s，在自动化生产中可以有效提高生产效率。

气缸按其结构特征分为活塞式、薄膜式和柱塞式3种；按压缩空气对活塞的作用力方向分为单作用式和双作用式2种；按气缸的功能分为普通气缸、薄膜气缸、冲击气缸和摆动气缸等。

二、系统的装配安装

1. 气动系统设计

气动系统在装配和调试前，应了解机电设备的功能和气动系统所起的作用及工作原理。首先要充分了解控制对象的工艺要求，根据其要求对气动系统原理图进行逐路分析，然后确定管接头的连接形式和方法。既要考虑现在安装时的方便快捷，也要考虑在整体安装完成后，元件拆卸更换和维修的方便性。同时，应考虑在达到同样工艺要求的前提下，尽量减少管接头的使用数量。

2. 安装

按气动原理图或接线图核对元件的型号和规格，然后卸掉每个元件进出口的堵头，在认清各气动元件的进出口方向后，初装各元件的接头。然后将各气动元件按图纸要求平铺在工作台上，再量出各元件间所需管子的长度，长度选取要合理，要考虑到电磁阀接线插座拆卸、接线和各元件日后更换的方便性。

3．正式安装

根据模拟安装的情况，拧下各元器件上的螺纹密封部分，缠上聚四氟乙稀密封带（也称生料带）或涂上密封胶（多数接头在出厂时已将密封胶固化在连接螺纹上），按照模拟安装时选好的管子长度，把各气动元件连接起来。

（1）安装

①接管时要注意管接头处的密封。气管宜采用机械切割，切口平齐，切口端面与气管轴线的垂直度误差小于管外径的1%，且不大于3 mm，断面平面度小于1 mm。在进行PVC气管连接时，应采用专用气管剪刀切断气管。

②安装前保证管道内无粉尘及异物等。气动系统管道安装后，应采用干燥的压缩空气进行吹扫，但各阀门、辅件不应吹扫，气缸的接口应进行封闭。吹扫后的清洁度可用白布检查，经5min吹扫后，在白布上应不留铁锈、灰尘等异物。

③气体管路不应过长，应注意气管走向的美观性，并同时避免气管小半径弯曲和相互交叉盘绕。气动软管应有最小弯曲半径要求，可按厂家提供的样本选取，软管在与管接头连接处，应留有一直段距离。

④在气管模拟连接时，气管长度应适当长些，当气动件完全定位并完成调试后，再将气管长度减小，以使接管美观和减小气体的压强损失。

⑤气管在连接好后，应使用管夹将气管固定，以避免在气动系统工作时因管内压强的剧烈变化而引起气管的大幅度摆动。

（2）气缸的装配

气缸在使用时需要与一定机械结构进行连接装配。气缸的安装方式有端面连接、铰链连接等方式。安装后的气缸应保证不产生运动卡阻现象，即伸缩气缸的移动和旋转气缸的转动应灵活，否则活塞与气缸内壁会因安装质量问题而产生附加力和严重磨损现象，减少气缸的使用寿命。

（3）控制阀的安装

控制阀一般分为电磁换向阀、截止阀和机控阀等。电磁换向阀多采用两位五通阀和三位五通阀，其中两位五通阀的使用更为普遍。电磁换向阀的安装分为单体安装和集成安装2种，其中集成安装方式是将多个电磁换向阀安装在一块汇流板上，便于集中调整和减小安装空间。单体安装可直接通过电磁换向阀的固定螺钉孔安装或采用专用安装板（外购）安装。

（4）单向节流阀的安装

①单向节流阀的安装，一般采用排气节流工作方式，即气缸的进气不受限制，排气时因节流阀起作用而使流量减小。因此选择和安装单向节流阀时应注意安装的方向要求，即阀体所示大、小箭头符号的方向。

②单向节流阀可以安装在气缸或电磁阀上，前者可以有效减小由于气缸换向而引起的振动，较为常用；后者有利于将多个气缸的单向节流阀集中布置，便于操作者对整体气动系统进行集中调试。

三、系统的调试

气动系统的调试一般经过调试前的准备、气动元件的调试、空车运行和负载试运转等步骤。

1. 调试前的准备

调试前的准备工作如下：

①理解设备安装、使用说明书中关于设备工作原理、结构、性能及操作方法的说明。

②识读气动原理图，掌握气动系统工作原理，知道气动元件在设备上的实际位置，掌握气动元件的操作及调整方法。

③调试前应用洁净干燥的压缩空气对系统进行吹扫，吹扫气体压力宜为工作压力的60%～70%，吹扫时间不少于15 min。

④确认在压力试验情况下，管路接头、结合面和密封处等无漏气现象。

⑤准备好操作工具（如螺刀等）。

2. 气动元件的调试

（1）气泵的调整

调整气泵的出气压强，一般调整至0.7 MPa左右。考虑到气体压强在传送过程中的沿程压强损失、气体压强的调整余量和工作压强的稳定性等因素，此调整压强值应高于实际使用时的气动系统工作压强（0.5～0.6 MPa）。

（2）气动三联件的调整

根据实际工作的需要，通过压力表所示数值，完成对气动系统工作压强的调整，调整方法如前所述。

（3）电磁换向阀的调试

①电磁换向阀上一般安装有指示灯，灯亮则指示电磁阀已通电，此时其所控制的气缸应发生运动改变。

②电磁换向阀上有可供调试用的手动调试旋钮，用一字螺刀按下该旋钮后电磁换向阀动作，气缸应发生运动改变；如在按下的同时，顺时针旋转此按钮则实现电磁换向阀的状态锁定，如需解锁，可逆时针旋转此旋钮（此锁定结构不是所有的电磁阀都有）。

（4）气缸的调整

①气缸行程末端的缓冲一般通过气缸节流口进行调节。顺时针旋转缓冲节流阀，则节流口减小，气缸在行程末端时的排气阻力增加，运动速度下降，可实现气缸在极限位置的平稳停止；逆时针旋转缓冲节流阀，则节流口增大，气缸在行程末端时的运动速度加快。

②气缸的起始和终止位置调整，通过调整安装在气缸上的行程开关位置或限制

气缸行程的死挡铁位置等方法实现。

（5）单向节流阀的调节

单向节流阀一般安装在气缸或电磁换向阀上。顺时针旋转单向节流阀的节流调整螺钉，节流口减小，调整完成后应立即锁紧螺母。在排气节流方式下，节流口减小使气缸的排气阻力增加，气缸向该节流口方向的移动速度减小。相反，逆时针旋转单向节流阀的节流调整螺钉，则气缸此方向运动速度增加。

3．空车运行

气动系统的空车运行一般不小于2 h，应注意观察压力、流量和温度等的变化，如发现异常应立即停车检查，待排除故障后才能继续运转。

4．负载试运转

负载试运转应分段加载，运转一般不少于4 h，分别测出有关数据，记入运转记录。

四、气动系统的使用与维护

气动系统的使用与保养分为日常维护、定期检查和系统大修。在日常使用和维护时应注意以下几个方面：

①开机前后要排放掉系统中的冷凝水。

②定期给油雾器加油。

③日常维护需对冷凝水和系统润滑进行管理。

④随时注意压缩空气的清洁度，对空气过滤器的滤芯要定期清洗。

五、气压系统的常见故障和排除方法

一般气动系统发生故障的原因如下：

①气动元件堵塞或气动元件的组成零件损坏。

②控制系统的内部故障。经验证明，控制系统故障的发生概率远远小于外部安装的传感器或机电设备本身的故障。

第四节　液压系统的安装

液压系统与气动系统较相似，其工作原理是先通过动力元件（如液压泵）将原动机（如电动机）输入的机械能转换为液体压力能，再经密封管道和控制元件等输送至执行元件（液压缸等），将液体压力能转换为机械能以驱动工作部件。

液压系统与气动系统所不同的是：液压系统的工作介质是液压油，液压油是循环使用的，而气动系统所使用的压缩空气在一次使用后直接放回到大气中，所以液压系统相对复杂。液压系统常用于所需压力较大场合，同样缸径的液压缸比气缸出力大几十倍。另外，由于液压系统工作压力高，所以对液压元件的耐压值和连接强度要求比气动系统高。

一、液压系统的组成及工作原理

1．液压传动系统的组成

液压系统由动力装置、执行装置、控制装置和辅助装置组成。

①动力装置。动力装置是指液压泵，功能是将原动机输入的机械能转换成流体压力能，为系统提供动力。

②执行装置。执行装置是指液压缸或液压电动机，功能是将流体的压力能转换成机械能，输出力和速度或转矩和转速，以带动负载进行直线运动或旋转运动。

③控制装置。控制装置是指压力、流量和方向控制阀，作用是控制和调节系统中流体的压力、流量和流动方向，以保证执行元件达到所要求的输出力（或力矩）、运动速度和运动方向。

④辅助装置。辅助装置是指保证系统正常工作所需要的辅助元器件，包括管道、管接头、油箱和过滤器等。

2．液压传动系统的工作原理

液压系统是以液体为工作介质，利用压力能来驱动执行机构的传动方式：机械能—压力能—机械能。液压站是提供一定压强液压油的重要部件。

磨床工作台的液压系统结构示意图，由换向阀控制工作台的运动方向。由此图可以转化为液压系统工作原理图，用图形符号表示元件的功能。因工作原理图不必表示具体的系统结构，设计工作量小，应用较广泛，但不如液压结构图直观形象。

二、液压系统的安装

1．安装前的准备工作和安装要求

①仔细分析液压系统的工作原理图、电气原理图、系统管道连接布置图、液压元件清单和产品样本等技术资料。

②第一次安装应清洗液压元件和管件。

③自制重要元件应进行密封和耐压试验。

④准备必要的安装工具（如内六角扳手）。

2．液压元件的安装要求

①安装各种泵和阀时，不能接反和接错。

②各连接口要紧固，密封应可靠。

③液压泵轴与电动机轴的安装应符合形位公差（如同轴度）要求。

④液压缸活塞杆或柱塞的轴线与运动部件导轨面的平行度要符合技术要求。

⑤方向阀一般应保持水平安装；蓄能器应保持轴线竖直安装。

3．管路的安装要求

（1）管子宜采用机械切割。切口平齐，切口端面与油管轴线的垂直度误差小于管直径的1%，且不大于3 mm，断面平面度小于1 mm。

（2）管子的弯曲应采用机械常温弯曲；冷弯的壁厚减薄量应不大于壁厚的15%，热弯的壁厚减薄量应不大于壁厚的20%；弯制焊接钢管时，应使焊缝位于弯曲方向的侧面。

（3）管端接头的加工应符合卡套式、扩口式、插入焊接式等管接头的加工尺寸与精度要求。例如：紫铜管扩口联接的切割需用专用工具（如切割器），并用扩孔器扩口至规定尺寸，连接表面应光滑无毛刺。

（4）系统全部管道应进行两次安装，即第一次试装后拆下管路，按相关工序严格清洗、处理后进行第二次安装。

（5）管道的布置要整齐。油路走向应平直、距离短，尽量少转弯。

（6）液压泵吸油管的高度一般不大于500 mm，吸油管和泵吸油口连接处应保证密封良好。

（7）溢流阀的回油管口与液压泵的吸油管不能靠得太近，以利于油的冷却和过滤。

（8）电磁阀的回油、减压阀和顺序阀等的泄油与回油管相连通时不应有背压。

（9）吸油管路上应设置滤油器，过滤精度为0.1～0.2mm，要有足够的通油能力。

（10）回油管应插入油面以下足够的深度，以防飞溅形成气泡。

（11）除锈应采用酸洗法，并应在管道配置完成，且具备冲洗条件后进行；油库或液压站内的管道，宜采用槽式酸洗法进行清洗；从油库或液压站至使用地点或液压缸的管道，宜采用循环酸洗法进行清洗。

（12）管道的压强试验如下：

①应在冲洗合格后进行。

管道的试验压强和试验介质，应符合表2-20的规定（表中表示系统工作压强）。

表2-20　管道的试验压强和试验介质

系统名称			试验压强/MPa	试验介质
液压系统滑动轴承的静压供油系统	系统工作压强/MPa	≤16	1.5	工作介质
		>16～31.5	1.25	
		>31.5	1.15	
气动系统、油雾润滑系统中的压缩空气管道和油雾管道			1.15	压缩空气
润滑油系统、双线式润滑脂系统			1.25	—
非双线式润滑脂系统				

②试验时，应先缓慢升至系统工作压强，检查管道无异常后，再升至试验压强，

并应保持压强10 min，然后降至工作压强，检查焊缝、接口和密封处等，均不得有渗漏、变形现象。

③液压系统在进行压强试验时，应将系统内的泵、伺服阀、比例阀、压力传感器、压力继电器和蓄能器脱开。

（13）管道的涂漆，应先除净管道外壁的铁锈、焊渣、油垢及水分；宜在5～40℃的环境下进行，自然干燥，未干燥前应防冻、防雨、防污、防尘；涂层牢固，无剥落、气泡等缺陷。

总之，液压系统与气动系统的安装有类似之处，也需进行清洗、元件安装和管道安装等。但由于液压系统与气动系统存在差别，安装方法也有一些不同之处，例如：液压系统所需螺纹联接强度高；气动系统的动密封圈要安装的相对松一些，不能太紧等等，此处不做具体说明。

三、液压系统的调试

1. 调试前的检查

①根据系统原理图、装配图及配管图，检查并确认各液压缸由哪个支路的电磁换向阀操纵。

②电磁换向阀分别进行空载换向，确认电气动作是否正确、灵活，符合动作顺序要求。

③将泵吸油管、回油管路上的截止阀开启，泵出口溢流阀及系统中安全阀和调压手轮全部松开；将减压阀置于最低压力位置，流量控制阀置于小开口位置。

④液压系统用的液体品种、性能和规格，应符合相关规定，并应过滤后再加入系统中；充液体时，应开启系统内的排气口，并把系统内的空气排干净。

⑤按照使用说明书要求，向蓄能器内充氮。

2. 空载调试

①启动液压泵，检查泵在卸荷状态下的运转。

②调整溢流阀，逐步提高压力使之达到规定的系统压力值。

③调整流量控制阀，先逐步关小流量阀，检查执行元件能否达到规定的最低速度及平稳性，然后按其工作要求的速度来调整。

④调整自动工作循环和顺序动作，检查各动作的协调性和顺序动作的正确性。

⑤液压系统的活塞、柱塞、滑块、工作台等移动件和装置，在规定的行程和速度范围内移动时，不应有振动、爬行和停滞等现象；换向和卸载不得有不正常的冲击现象。

⑥各工作部件在空载条件下，按预定的工作循环或顺序连续运转2～4 h后，检查油温及系统所要求的各项精度，一切正常后，方可进入负载调试。

3. 负载调试

负载调试是指液压系统在规定负载条件下运行，进一步检查系统的运行质量和存在的问题。液压系统的负荷试验，应符合以下要求：

①负载调试时，一般应逐步加载和提速，确认低速、轻载试车正常后，才逐步将压力阀和流量阀调节到规定值，进行最大负载试车；应在系统工作压力和额定负载下连续运行，运行时间应不少于0.5h。

②液压系统压力应采用不带阻尼的1.5级压力表测量，其波动值应符合表2-21的规定。

表2-21　液压系统压力允许波动值　　　　　　　　　　　单位：MPa

系统公称压力	≤6.3	>6.3～10	>10～16	>16
允许波动值	±0.2	±0.3	±0.4	±0.5

③液压系统的油温应在其平衡后进行测量，其温升应不大于25℃，正常工作温度应为30～60℃。油温达到热平衡是指温升幅度不大于2℃/h。

四、液压传动系统的故障分析和排除

液压设备是由机械、液压、电气及仪表等装置组合成的统一体，液压系统中各液压元件的运动零件以及油液大都在封闭的壳体和管道内，出现故障时，比较难找出故障原因，排除故障也比较麻烦。一般情况下，任何故障在演变为大故障之前都会伴随着种种不正常的征兆，如出现不正常的声音，工作机构速度下降、无力或不动作，油箱液面下降，油液变质，外泄漏加剧，油温过高，管路损伤，出现糊焦气味等等。通过肉眼观察、耳听、手摸、鼻嗅等方法，加上翻阅记录，可找到问题原因和处理方法。分析故障之前必须弄清液压系统的工作原理、结构特点与机械、电气的关系，然后根据故障现象进行调查分析，缩小可疑范围，确定故障区域、部位，直至某个故障液压元件。

液压系统故障很多是由元件故障引起的，因此首先要熟悉和掌握液压元件的故障分析和排除方法，可参见前面相关内容。以下将液压系统常见故障的分析和排除方法列在表2-22至表2-31中进行说明。

表2-22　齿轮泵常见故障及其排除方法

故障	产生原因	排除方法
不吸油、输油不足、压力升不高	电动机转向错误 吸入口管道或滤油器堵塞 轴向间隙或径向间隙过大 各连接处泄漏，有空气混入 油液黏度太大或油液温升太高	纠正电动机旋转方向 疏通管道，清洗滤油器，换新油 修复更换有关零件 紧固各连接处螺钉，避免泄漏，严防空气混入油液应根据温升变化选用

续表

故障	产生原因	排除方法
噪声严重，压力波动大	油管及滤油器部分堵塞或吸油管吸入口处滤油器容量小 从吸油管或轴密封处吸入空气或者油中有气泡 泵轴与联轴器同轴度超差或擦伤 齿轮本身的精度不高 油液黏度太大或温升太高	除去脏物，使吸油管畅通，或改用容量合适的滤油器 连接部位或密封处加点油，如果噪声减小，可拧紧管接头或更换密封圈，回油管口应在油面以下，与吸油管要有一定距离 调整同轴度，修复擦伤 更换齿轮或对研修整 应根据温升变化选用油液
液压泵旋转不灵活或咬死	轴向间隙及径向间隙过小 油泵装配不良，泵和电动机的联轴器同轴度不好 油液中杂质被吸入泵体内 前盖螺孔位置与泵体后盖通孔位置不对，紧固连接螺钉后因出现卡阻现象而转不动	检测泵体、齿轮，修配有关零件 根据油泵技术要求重新装配、调整同轴度，严格控制在0.2 mm以内 严防周围灰沙、铁屑及冷却水等物进入油池，保持油液洁净 用钻头或圆锉将泵体后盖孔适当修大后再装配

表2-23　叶片泵常见故障、产生原因及排除方法

故障	产生原因	排除方法
液压泵吸不上油或无压力	泵的旋转方向不对，泵吸不上油	可改变电机转向，一般泵上有箭头标记，无标记时，可对着泵轴方向观察，泵轴应是顺时针方向旋转
	液压泵传动键脱落	重新安装传动键
	进出油口接反	按说明书选用正确接法
	油箱内油面过低，吸入管口露出液面	补充油液至最低油标线以上
	转速太低，吸力不足	转速低，离心力无法使叶片从转子槽内移出，形成不可变化的密封空间。一般叶片泵转速低于500 r/min时，吸不上油。高于1500 r/min时，吸油速度太快也吸不上油，运用推荐黏度的工作油
	油液黏度过高使叶片运动不灵活 油温过低，使油黏度过高	加温至推荐正常工作温度
	系统油液过滤精度低导致叶片在槽内卡住	拆洗、修磨液压泵内脏件，仔细重装，并更换油液
	吸入管道或过滤装置堵塞或过滤器过滤精度过高造成吸油不畅	清洗管道或过滤装置，除去堵塞物，更换或过滤油箱内油液，按说明书正确选用滤油器
	吸入管道漏气	检查管道各连接处，并予以密封、紧固

续表

故障	产生原因	排除方法
流量不足，达不到额定值	转速未达到额定转速	按说明书指定额定转速选用电动机转速
	系统中有泄漏	检查系统，修理泄漏点
	由于泵长时间工作、振动，使泵盖螺钉松动	紧固连接螺钉
	吸入管道漏气，吸油不充分	检查各连接处，并密封紧固，使充分吸油
	油箱内油面过低	补充油液至最低油标线以上
	人口滤油器堵塞或通流量过小	清洗过滤器或选用通流量为泵流量2倍以上的滤油器
	吸入管道堵塞或通径小	清洗管道，选用不小于泵入口通径的吸入管
	油液黏度过高或过低	选用推荐黏度的工作油
	变量泵流量调节不当	重新调节至所需流量
压力升不上去	泵吸不上油或流量不足	同前述排除方法
	溢流阀调整压力太低或出现故障	重新调试溢流阀压力或修复溢流阀
	系统中有泄漏	检查系统，修补泄漏点
	由于泵长时间工作、振动、使泵盖螺钉松动	紧固连接螺钉
	吸入管道漏气	检查各连接处，并予以密封紧固
	吸油不充分	同前述排除方法
	变量泵压力调节不当	重新调节至所需压力
噪声过大	吸入管道漏气	检查各连接处，并予以密封紧固
	吸油不充分	同前述排除方法
	泵轴和原动机轴不同轴	重新安装，达到说明书要求的安装精度
	油中有气泡	补充油液或采取结构措施，把回油浸入油面以下
	泵转速过高	选用推荐转速
	泵压力过高	降压至额定压力以下
	轴密封处漏气	更换油封
	油液过滤精度过低，导致叶片在槽中卡住	拆洗修磨泵内脏件，仔细重新组装，并更换油液
	变量泵止动螺钉错误调整	适当调整螺钉至噪声达到正常
过度发热	油温过高	改善油箱散热条件或增设冷却器，使油温控制在推荐正常工作油温范围内
	油液黏度太低，内泄过大	选用推荐黏度的工作油
	工作压力过高	降压至额定压力以下
	回油口直接接到泵入口	回油口接至油箱液面以下，尽量远离进油口

续表

故障	产生原因	排除方法
振动过大	泵轴与电动机轴不同轴	重新安装达到说明书要求的精度
	安装螺钉松动	紧固连接螺钉
	转速或压力过高	调整至需用范围以内
	油液过滤精度过低，导致叶片在槽中卡住	拆洗修磨泵内零件，重新组装，并更换油液或重新过滤油箱内油液
	吸入管道漏气	检查各连接处，并予以密封紧固
	吸油不充分	同前述排除方法
	油中有气泡	补充油液或采取结构措施，把回油浸入液面以下
外渗漏	密封老化或损伤	更换密封
	进出油口连接部位松动	紧固螺钉或管接头
	密封面的磕碰痕迹较严重	修磨密封面
	外壳体砂眼	更换外壳体

表2-24　轴向柱塞泵常见故障、产生原因及排除方法

故障	产生原因	排除方法
流量不够	油箱液面过低，油管及滤油器堵塞或阻力太大，漏气等	检查贮油量，把油加至油标规定线，排除油管堵塞，清洗滤油器，紧固各连接处螺钉，排除漏气
	泵壳内预先没有充好油，留有空气	排除泵内空气
	液压泵中心弹簧折断，使柱塞回程不够或不能回程，引起缸体和配油盘之间失去密封性能	更换中心弹簧
	配油盘及缸体或柱塞与缸体之间磨损	清洗去污，研磨配油盘与缸体的接触面，单缸研配，更换柱塞
	对于变量泵有2种可能，如为低压可能是油泵内部摩擦等原因，使变量机构不能达到极限位置造成偏角过小所致；如为高压，可能是调整误差所致	低压时，可调整或重新装配变量活塞及变量头，使之活动自如；高压时，纠正调整误差
	油温太高或太低	根据温升选用合适的油液，或采取降温措施

续表

故障	产生原因	排除方法
压力脉动	配油盘与缸体，或柱塞与缸体之间磨损，内泄或外漏过大	磨平配油盘与缸体的接触面，单缸研配，更换柱塞，紧固各连接处螺钉，排除漏损现象
	对于变量泵，可能由于变量机构的偏角太小，使流量过小，内漏相对增大，因此不能连续对外供油	适当加大变量机构的偏角，排除内部漏损
	伺服活塞与变量活塞运动不协调，出现偶尔或经常性的脉动	偶尔脉动，多因油脏，可更换新油；经常脉动，可能是配合件研伤或卡阻，应拆下研修
	进油管堵塞，阻力大及漏气	疏通进油管及清洗进油口处的滤油器，紧固进油管段的连接螺钉
噪声	泵体内留有空气	排除泵内的空气
	油箱油面过低，吸油管堵塞及阻力大，以及漏气等	按规定加足油液，疏通进油管，清洗滤油器，紧固进油段连接螺钉
	泵和电机不同轴，使泵和传动轴受径向力	重新调整，使电动机与泵的同轴度满足要求
发热	内部泄漏过大	修研各密封配合面
	运动件磨损	修复或更换磨损件
漏损	轴承回转密封圈损坏	检查密封圈及各密封环节，排除内漏
	各接合处O型密封圈损坏	更换密封圈
	配油盘与缸体或柱塞与缸体之间磨损（会引起回油管外漏增加，也会引起高低压油腔之间内漏）	磨平接触面，配研缸体，单配柱塞
	变量活塞或伺服活塞磨损	更换活塞
变量机构失灵	控制管路上的单向阀弹簧折断	更换单向阀的弹簧
	变量头与变量壳体磨损	配研两者的圆弧配合面
	伺服活塞、变量活塞以及弹簧心轴卡死	机械卡死时，用研磨的方法使各运动件灵活；油脏时换新油
	个别管路道堵死	疏通管路，更换油液
泵不能转动（卡死）	柱塞与油缸卡死（可能是油脏或油温变化引起）	油脏时更换新油，油温太低时，更换黏度较小的油液
	滑靴因柱塞卡死或因负载大时启动而引起脱落	更换或重新装配滑靴
	柱塞球头折断（原因同上）	更换柱塞

表2-25 液压缸常见故障、产生原因及排除方法

故障	产生原因	排除方法
冲击	活塞与缸体内径间隙过大或节流阀等缓冲装置失灵	保证设计间隙,过大者应换活塞,检查修复缓冲装置
	纸垫密封破损,出现大量泄油现象	更换新纸垫,保证密封
缓冲过长	缓冲装置结构不正确,三角节流槽过短	修正凸台与凹槽,加长三角节流槽
	缓冲节流回油口开设位置不对	修改节流回油口的位置
	活塞与缸体内径配合间隙过小	加大至要求的间隙
	缓冲的回油孔道半堵塞	清洗回油孔道
推力不足或速度减慢	活塞与缸体内径间隙过大,内泄漏严重	更换磨损的活塞,单配活塞其间隙为0.03～0.04 mm
	活塞杆弯曲,阻力增大	校正活塞杆
	活塞上密封圈损坏,增大了泄漏量或增大了摩擦力	更换密封圈,装配时不应过紧
	液压缸内表面有腰鼓形,造成两端通油	镗磨油缸内孔,单配活塞

表2-26 齿轮马达常见故障、产生原因及排除方法

故障	产生原因	排除方法
转速降低、输出扭矩降低	油泵供油量不足,油泵因磨损使轴向间隙和径向间隙增大,内泄漏量增大;或者油泵电机转数与功率不匹配等原因,造成输出油量不足,造成马达的流量也减少	清洗滤油器,修复油泵,保证合理的间隙,更换能满足转速和功率要求的电机等
	液压系统调压阀调压失灵,压力升不上去。由于各控制阀内泄漏量增大等原因,造成进入马达的流量和压力不够	检查调压阀调压失灵的原因,针对性地排除故障
	油液黏度过小,致使液压系统各部分内泄漏量增大	选用合适黏度的油液
	马达本身的原因,如CM型马达的侧板和齿轮两侧面磨损拉伤,造成高低压腔之间内泄漏量大,甚至串腔。特别是当转子和定子接触线因齿形精度差或者拉伤时,泄漏更为严重,造成转速下降,输出扭矩降低	研磨修复马达侧板和齿轮的两侧面,并保证装配间隙(即马达体也研磨掉相应尺寸)
	工作负载较大,转速降低	检查负载过大的原因并排除

续表

故障	产生原因	排除方法
噪声过大并伴随振动和发热	系统吸进空气，原因主要有：滤油器因污物堵塞、泵进油管接头漏气、油箱液面太低、油液老化等	清洗滤油器，减少液压油的污染，泵进油管路管接头拧紧，密封破损的予以更换；油箱油液补充添加至油标要求位置；油液污染老化严重的予以更换等
	马达本身的原因主要有：齿轮齿形精度不好或接触不良；轴向间隙过小；马达滚针轴承破裂；马达个别零件损坏；齿轮内孔与端面不垂直，马达前后盖轴承孔不平行等原因，造成旋转不均衡，机械摩擦严重，噪声大和振动现象	对研齿轮或更换齿轮；研磨有关零件，重配轴向间隙；更换破损的轴承；修复齿轮和有关零件的精度；更换损坏的零件；避免输出轴过大的不平衡径向负载
油封漏油	泄油管的压力高	泄油管要单独引回油箱，而不要共用马达回油管路；泄漏管通路因污物堵塞或设计过小时，要设法使泄油管油液畅通流回油箱
	马达油封破损	更换油封，并检查马达轴的拉伤情况进行研磨修复，避免再次拉伤油封

表2-27　溢流阀常见故障、产生原因及排除方法（以YF型溢流阀为例）

故障	产生原因	排除方法
压力波动不稳定	先导阀调压弹簧过软（装错）或歪扭变形	更换弹簧
	锥阀与阀座接触不良或磨损	锥阀磨损或有质量问题应更换。新锥阀卸下调整螺母，推几下导杆，使其接触良好
	油液中混进空气	防止空气进入，并排除已进入的空气
	油不清洁，阻尼孔堵塞	清洁油液，疏通阻尼孔
调整无效	弹簧断裂或漏装	检查、更换或补装弹簧
	阻尼孔堵塞	疏通阻尼孔
	滑阀卡住	拆出、检查、修整
	进出油口装反	检查油源方向并纠正
	锥阀漏装	检查、补装
显著漏油	锥阀与阀座接触不良	锥阀磨损或有质量问题时，更换新的锥阀
	滑阀与阀体配合间隙过大	更换滑阀，重配间隙
	管接头没拧紧	拧紧连结媒钉
	接合面纸垫破损或铜垫失效	更换纸垫或铜垫

续表

故障	产生原因	排除方法
显著噪声及振动	螺母松动	紧固螺母
	弹簧变形不复原	检查并更换弹簧
	滑阀配合过紧	修研滑阀，使其灵活
	主滑阀动作不良	检查滑阀与壳体是否同心
	锥阀磨损	更换锥阀
	出口油路中有空气	排出空气
	流量超过允许值	调换流量大的阀
	和其他阀产生共振	微调阀额定压力值（一般额定压力值偏差在0.5MP以内，易发生共振）

表2-28　减压阀常见故障、产生原因及排除方法

故障	产生原因	排除方法
压力不稳定，有波动	油液中混入空气	排除油液中空气
	阻尼孔有时堵塞	疏通阻尼孔及换油
	滑阀与阀体内孔圆度达不到规定的要求，使阀卡住	修研阀孔，修配滑阀
	弹簧变形或在滑阀中卡住，使滑阀移动困难，或弹簧太软	更换弹簧
	钢球不圆，钢球与阀座配合不好或锥阀安装不正确	更换钢球或拆开锥阀调整
输出压力低或升不高	顶盖处泄漏	紧固连接螺钉或更换纸垫
	钢球或锥阀与阀座密合不良	更换钢球或锥阀
不起减压作用	回油孔的油塞未拧出，使油闷住2顶盖方向装错，使出油孔和回油孔沟通	将油塞拧出，接上回油管
	阻尼孔被堵死	检查顶盖上孔的位置是否装错
	滑阀被卡死	用直径为1 mm的针清理小孔并换油 清理和研配滑阀

表2-29　单向阀常见故障、产生原因及排除方法

故障	产生原因	排除方法
发出异常的声音	油液的流量超过允许值	更换流量大的阀
	与其他阀共振	可略微改变阀的额定压力，也可试调弹簧的强弱
	在卸压单向阀中，用于立式大油缸等的回油，没有卸压装置	补充卸压装置回路

阀与阀座有严重泄漏	阀座锥面密封不好	重新研配
	滑阀或阀座产生毛刺	重新研配
	阀座碎裂	更换并研配阀座
不起单向作用	滑阀在阀体内咬住，主要是由于：阀体孔变形、滑阀配合时有毛刺、滑阀变形胀大漏装弹簧	修研阀座孔、修除毛刺、修研滑阀外径
		补装适当的弹簧（弹簧的最大压力不大于30N）
结合处渗漏	螺钉或管螺纹没拧紧	紧固连接螺钉或管螺纹

表2-30 换向阀常见故障、产生原因及排除方法

故障	产生原因	排除方法
滑阀不能动作	滑阀被堵塞	拆开清洗
	阀体变形	重新安装阀体的螺钉，使压紧力均匀
	具有中间位置的对中弹簧折断	更换对中弹簧
	操纵压力不够	操纵压力必须大于0.35 MPa
工作程序错乱	滑阀被拉毛，油中有杂质或热膨胀使滑阀移动不灵活	拆卸清洗、配研滑阀
	电磁阀的电磁铁损坏，力量不足或漏磁等	更换或修复电磁铁
	液动换向阀滑阀两端的控制阀（节流单向阀）失灵或调整不当	调整节流阀、检查单向阀是否封油良好
	弹簧过软或太硬，使阀通油不畅	更换弹簧
	滑阀与阀孔配合太紧或间隙过大	检查配合间隙，使滑阀移动灵活
	因压力油的作用使滑阀局部变形	在滑圈外圆上开1 mm×0.5 mm的环形平衡槽
电磁线圈发热过高或烧坏	线圈绝缘不良	更换电磁铁
	电磁铁的铁芯与滑阀轴线不同轴	重新装配使其同轴
	电压不对	按电压规定值
	电极焊接不对	重新焊接
电磁铁控制的方向阀作用时有响声	滑阀卡住或摩擦过大	修研或调配滑阀
	电磁铁不能压到底	校正电磁铁高度
	电磁铁铁芯接触面不平或接触不良	清除污物，修正电磁铁铁芯

表2-31　液压系统常见故障的分析和排除方法

故障现象	故障原因		排除方法
产生振动和噪声	液压泵吸空	进油口密封不严，以致空气进入	拧紧进油管接头螺帽，或更换密封件
		液压轴颈处油封损坏	更换油封
		进口过滤器堵塞或通流面积过小	清洗或更换过滤器
		吸油管径过小、过长	更换管路
		油液黏度太大，流动阻力增加	更换黏度适当的液压油
		吸油管距回油管太近	扩大两者距离
		油箱油量不足	补充油液至油标线
	固定管卡松动或隔振垫脱落		加装隔振垫并紧固
	压力管路管道长且无固定装置		加设固定管卡
	溢流阀阀座损坏、高压弹簧变形或折断		修复阀座、更换高压弹簧
	电动机底座或液压泵架松动		紧固相应的螺钉
	泵与电动机的联轴器安装不同轴或松动		重新安装，保证同轴度小于0.1 mm
系统无压力或压力不足	溢流阀	在开口位置被卡住	修理阀芯及阀孔
		阻尼孔堵塞	清洗
		阀芯与阀座配合不严	修研或更换
		调压弹簧变形或折断	更换调压弹簧
	液压泵、液压阀、液压缸等元件磨损严重或密封件破坏，造成压力油路大量泄漏		修理或更换相关元件
	压力油路上的各种压力阀的阀芯被卡住而导致卸荷		清洗或修研，使阀芯在阀孔内运动灵活
	动力不足		检查动力源
系统流量不足（执行元件速度不够）	液压泵吸空		见前所述
	液压泵磨损严重，容积效率下降		修复达到规定的容积效率或更换
	液压泵转速过低		检查动力源将转速调整到规定值
	变量泵流量调节变动		检查变量机构并重新调整
	油液黏度过小，液压泵泄漏增大，容积效率降低		更换黏度适合的液压油
	油液黏度过大，液压泵吸油困难		更换黏度适合的液压油
	液压缸活塞密封件损坏，引起内泄漏增加		更换密封件
	液压马达磨损严重，容积效率下降		修复达到规定的容积效率或更换
	溢流阀调定压力值偏低，溢流量偏大		重新调节

续表

故障现象	故障原因	排除方法
液压缸爬行（或液压马达转动不均匀）	液压泵吸空	见前所述
	接头密封不严，有空气进入	拧紧接头或更换密封件
	液压元件密封损坏，有空气进入	更换密封件，保证密封
	液压缸排气不彻底	排尽缸内空气
油液温度过高	系统在非工作阶段有大量压力油损耗	改进系统设计，增设卸荷回路或改用变量泵
	压力调整过高，泵长期在高压下工作	重新调整溢流阀的压力
	油液黏度过大或过小	更换黏度适合的液压油
	油箱容敏小或散热条件差	增大油箱容量或增设冷却装置
	管道过细、过长、弯曲过多，造成压力损失过大	改变管道的规格及管路的形状
	系统各连接处泄漏，造成容积损失过大	检查泄漏部位，改善密封性

五、液压元件的拆装实训

1. 液压元件拆装实习的目的、任务

在液压系统的安装和维修过程中，经常会遇到液压元件的调整和修理问题。合理拆装液压元件是对装配、使用和维护液压设备工作人员的基本要求。

通过拆装实习，要求能看懂在原理图和结构图上难以表达的复杂结构和空间油路，加深对液压元件的结构和工作原理的理解，感性地认识各零件外形尺寸及安装部位，对一些重要零件的材料、装配和配合要求有初步的了解，并提高动手操作技能。

2. 元件拆装时应注意的问题

①拆卸之前需要分析元件的产品铭牌，了解元件的型号和基本参数，分析它的结构特点，确定拆卸工艺过程。

②记录元件及解体零件的拆卸顺序和方向。

③拆卸下来的零件应保证不落地、不划伤、不锈蚀。

④拆装个别零件需要专用工具。

⑤需要敲打某些零件时，须用木棒或铜棒。

⑥拆卸下来的全部零件须用煤油或柴油清洗，干燥后用不起毛的布擦拭干净，用细锉或油石去除各加工面的毛刺。

⑦元件的装配一般按拆卸相反顺序进行。

⑧安装完毕检查现场有无漏装元件。

⑨装配后应向元件的进出油口注入机油，对于有转动部件的液压件，还要用手转动主轴，检查是否有不均匀或过紧现象。

⑩在拆装中，要注意理论联系实际，为了弄清液压元件的结构和工作原理，重点掌握元件的结构要素和工作特性。

3．齿轮泵的拆装

拆开一台齿轮泵，仔细观察其结构，明确以下问题：

①齿轮泵的密封工作空间是由哪些零件组成的？

②进、出油口孔径是否相等？为什么？

③泵内压力油是怎样泄漏的？怎样才能提高容积效率？

④困油卸荷槽在哪个位置上？相对高低压腔是否对称布置？

⑤泵内径向力是怎样产生的？它有何影响？在结构上采取了什么措施减小其影响？

⑥泵的理论流量决定于哪些结构参数？它能改变吗？

4．叶片泵的拆装

以中压YB型双作用叶片泵为例，明确以下问题：

①叶片泵密封工作空间是由哪些零件组成的？

②它为什么叫双作用卸荷式叶片泵？

③泵的内部是怎样泄漏的？怎样提高其容积效率？

④泵在工作时，叶片一端靠什么力量始终顶住定子内圆表面，而不产生脱空现象？

⑤定子内圆表面是由哪些线段组成的？各起什么作用？

⑥怎样安装配油盘？哪个是吸油窗口，哪个是压油窗口？

⑦转子的叶片槽为什么不径向开？朝前倾斜还是朝后倾？

⑧配油盘上的三角沟槽起什么作用？为什么是2个而不是4个？

5．柱塞泵的拆装

拆装一个直轴式轴向柱塞泵，明确以下问题：

①在泵内部由哪些重要元件表面组成了若干密封工作空间，这些密封工作空间的大小是如何变化的？

②为使泵保持较好的工作性能，减小困油、噪声的不良影响，在配油装置上采取了哪些具体措施？

③柱塞与滑履是如何连在一体的，柱塞和滑履中心的小孔有何作用？

④应如何安装配油盘，以消除困油现象的影响？

⑤回程机构由哪些零件组成，是如何工作的？

⑥变量机构由哪些零件组成，是如何工作的？

⑦栗主轴的转向与泵的吸、排油方向有何关系？

6．液压马达的拆装

以内曲线液压马达为例，应注意掌握的内容如下：

①液压马达的主要结构组成及相互连接关系。

②内曲线马达各组成部分的功用。

③配流装置的结构和进出油流路线。

④切向力的传力机构。

⑤定子曲面数、柱塞孔数及配流窗孔数以及它们的对应关系。

7．液压缸的拆装

拆装中应注意掌握的内容如下：

①液压缸各部位的典型结构。

②液压缸各组成部分的功用。

③注意观察活塞与活塞杆、缸体与端盖、活塞杆头部，液压缸的安装形式等结构特点。

④观察活塞与缸体、端盖与缸体、活塞杆与端盖间采用的密封形式，以及安装密封圈沟槽的结构形式。

⑤观察液压缸各种零件的材料及结构特点。

⑥观察缸孔内孔、活塞、活塞杆的各种加工精度。

（2）液压缸的安装顺序

参考与拆卸相反的次序进行安装，在此过程中掌握装配次序和总结经验，并考虑在装配时，可能出现的修配零件部位和修配方法。

8．方向控制阀的拆装

拆开单向阀、液控单向阀、手动换向阀、电磁换向阀，观察其结构及组成，分析其工作原理和各油孔与系统的连接关系，并找出容易出现故障的部位，分析可能的故障原因。

9．压力控制阀的拆装

（1）直动式溢流阀的拆装

注意掌握以下问题：

①拆开直动式溢流阀，观察其结构，并说明如何调整溢流阀的压力。

②阀的内孔道是怎样连通的？阀芯下部的轴向小孔起什么作用？为什么此孔很细？

③阀芯的装弹簧处为什么通过内孔道与出油口连通？可否不连通？

④将阀体按初始状态装配好，并说明在使用时各油孔与液压系统是怎样连接的。

（2）先导式溢流阀的拆装

注意掌握以下问题：

①拆开先导式溢流阀，并观察其结构，说明其工作原理。

②说明阀的内、外孔道是怎样连通的。

③说明主阀和锥阀各有什么作用。两个弹簧各起什么作用？其粗细依据什么决定？

④找到远程调压孔，它有何作用？如果误把它当作泄油孔接油箱，会出现什么问题？

⑤将阀体按初始状态装配好，说明使用时，各油孔与液压系统是怎样连接的。

（3）减压阀的拆装

注意掌握以下问题：

①拆开减压阀，观察其结构，说明工作原理。

②它与溢流阀相比在结构上有何异同？

③找出阀的内外孔道是怎样连通的。

④将阀体按初始状态装配好，说明使用时，各油孔与液压系统是怎样连接的。

（4）顺序阀的拆装

注意掌握以下问题：

①拆开顺序阀，观察其结构，说明其工作原理？

②它与溢流阀相比在结构上有何异同？

③将阀体按初始状态装配好，说明使用时，各油孔与液压系统是怎样连接的？

（5）压力继电器的拆装

注意掌握以下问题：

观察压力继电器的结构，说明其工作原理，弄清其在液压系统中的接法。

10．流量控制阀的拆装

（1）节流阀的拆装

注意掌握以下问题：

①拆开节流阀，观察其结构，说明其工作原理。

②节流口属于哪种结构形式？有什么特点？怎么调节其大小？

③将阀体按初始状态装配好，若将进、出油口接错能否使用？有何影响？

（2）调速阀的拆装

注意掌握以下问题：

①拆开调速阀，观察其结构，说明其工作原理。

②说明阀的内、外油路是怎样连通的。

③当节流阀通流截面积A调定后，若出口阻力发生变化，减压阀将怎样动作？通过调速阀的流量是怎样保持基本稳定的？

④将阀体按初始状态装配好，说明使用时，阀在系统的进油、回油、旁油路上各是怎样连接的。

11．液压元件拆装实训的目的

①加深对有关液压元件的结构和工作原理的理解，尤其要掌握液压元件的复杂结构和空间油路。

②在拆装过中应注意掌握以上10项内容，初步获得一些零件、材料、工艺配合及安装等方面的实践知识，提高动手能力。

第五节　电气系统的安装

一、电气控制系统的发展

电气控制系统在机电设备的控制中处于核心地位，也是机电设备的重要组成部分之一，它的可靠性直接影响到设备正常运行的稳定性。电气系统同时起到检测、判断、控制和保护等作用。随着时代的发展，电气系统也由20世纪20年代的继电器、接触器、行程开关等组成的控制电器，逐渐演变为由单片机、PLC和工控机等进行控制的方式。控制程序也由硬件电路逐渐转变为软件程序，控制方式更加灵活，功能也更为强大。

1．继电接触器控制方式

继电接触器式控制电路主要由继电器、接触器等组成，适用于实现控制功能较简单、控制规模较小的场合，其特点是价格便宜、维护方便、运行可靠性强、抗干扰能力强，因此广泛用于各种普通机床等机电设备，可以实现简单的机床运行的逻辑控制。

继电接触器控制方式的缺点有：

①控制程序不易改变。由于采用了固定接线方式，因此改变控制程序不方便，缺少灵活性。

②用于低频率控制。由于继电器是采用机械式的接触方式，因此需要一定的响应时间。

③控制精度低。采用这种控制方式不能完成对于伺服电机等的控制，无法实现对运动位置的精确控制。

④可靠性差。频繁启停时，接触器的触点易损坏。

2．无触点逻辑控制方式

由于20世纪50年代出现了二极管、晶体管、集成电路等半导体逻辑元件，因而产生了可靠性较高的无触点逻辑控制方式。

无触点逻辑控制方式具有体积相对较小、可靠性较高、响应速度快和使用寿命长等优点。但由于其也采用固定接线方式，所以控制程序改变也不算灵活。

3．计算机控制方式

20世纪60年代出现的电子计算机及工控机，极大提高了控制的通用性和灵活性。其具有检测速度快、控制功能强、控制精度高等优点。

4．PLC控制方式

1968年美国通用汽车公司提出采用新的控制系统，替代传统的继电接触式控制系统，目的是减少重新设计和安装继电接触控制系统的经费和时间，此控制系统称为可编程控制器（常称为PLC）。PLC的产生极大地改变了传统的机电控制系统的控制方式，兼顾了控制系统的可靠性和编程的灵活性，使机电控制方式有了质的飞跃。

其优点是可靠性高、程序改变灵活、功能齐全、使用方便和便于维修，因而得到广泛应用。

二、电气控制系统的组成

电气控制系统一般由控制单元、执行元件、传感器、按钮开关及电器辅件等组成。

1．控制单元

（1）可编程控制器

可编程控制器（PLC）外观，国际电工委员会（IEC）在其标准中将可编程控制器定义为：可编程逻辑控制器是一种进行数位运算操作的电子系统，其专为在工业环境中的应用而设计。它采用一类可编程的存储器，用于在其内部存储程序，执行逻辑运算、顺序控制、定时、计数与算术操作等面向用户的指令，并通过数字或模拟式输入和输出来控制各种类型的机械或生产过程。

可编程控制器由内部CPU、指令及资料内存、输入输出单元、电源模组、数位类比等单元模组组合而成，容易与工业控制系统联成一个整体，易于扩充功能。PLC的种类较多，依照制造厂商及适用场所的不同而有所差异，按照机组的复杂程度分为大、中、小型。一般工厂及学校通常使用小型PLC，在规模控制工业用途中通常使用大型PLC。

（2）单片机

单片机又称微控制器，是把中央处理器、存储器、定时/计数器、各种输入输出接口等都集成在一块集成电路芯片上的微型计算机。与通用型微处理器不同，单片机更强调自供应（不用外接硬件）和节约成本。由于体积小，单片机可放在仪表与小型设备中，但其存储量小，输入输出接口简单，功能较低。目前微芯公司的PIC系列出货量居于业界领导者地位；Aunel的51系列及AVR系列种类众多，受支持面广；德州仪器的MSP430系列以低功耗闻名，常用于医疗电子产品及仪器仪表中。

（3）工控机

工控机外形是一种加固的增强型个人计算机，它可以作为一个工业控制器在工业环境中可靠运行。工控机一般采用钢结构，有较高的防磁、防尘、防冲击的能力。6机箱内有专用底板，底板上有PCI和ISA插槽，可扩充各种控制接口板，并配备专门电源，具有较强的抗干扰能力。针对工业现场环境，工控机内部有良好的散热过滤系统，可以高性能长时间连续工作。同时工控机的开放性与兼容性较好，吸收了PC机的全部功能，可直接运行PC机的各种应用软件，可配置实时操作系统，便于多任务的调度和运行。

（4）控制继电器

控制继电器是一种自动电器。它适用于远距离接通和分断交、直流小容量控制电路，并在电力驱动系统中用于控制、保护及信号转换。继电器的输入量通常是电流、电压等电量，也可以是温度、压力、速度等非电量，输出量则是触点动作时发出的电信号或输出电路的参数变化。继电器的特点是当其输入量的变化达到一定程度时，输出量才会发生阶跃性的变化（通断电路）。

控制继电器用途广泛，种类繁多，按其输入量不同可分为如下几类：中间继电器（见图2-31）、电流继电器、热继电器（见图2-32）、时间继电器（见图2-33）、温度继电器和速度继电器等。继电器的主要技术参数有：额定参数、动作参数、返回系数、储备系数、灵敏度、动作时间等。

图2-31　中间继电器　　　图2-32　热继电器　　　　图2-33　时间继电器

2．执行元件

（1）电动机

电动机是应用电磁感应原理运行的旋转电磁机械。电动机实现了从电能向机械能的转换，运行时从电系统吸收电功率，向机械系统输出机械功率。机电设备中常使用的电动机有交流异步电机（见图2-34）、步进电机（见图2-35）和伺服电机（见图2-36）等。

图2-34　交流异步电机　　　图2-35　步进电机及驱动器　　图2-36　交流同步伺服机及驱动器

交流异步电机具有结构简单、运行可靠、价格便宜、过载能力强及使用、安装、维护方便等优点，被广泛应用于各个领域。在工程应用中，一般采用变频器来调整三相交流异步电机的转速。

步进电机是一种感应电机，它的工作原理是利用电子电路，将直流电变成分时供电的多相时序控制电流。驱动器的主要功能就是为步进电机分时供电，多相时序。步进电机由驱动器驱动，一般只在低速轻载情况下应用，每分钟转速不应超过1000

转，由于没有反馈环节，因此在高转速、振动等情况下易失步。

交流同步伺服电机多用于闭环伺服结构，多数使用永磁式同步电动机。同步电动机的"同步"是指电动机转子转速与定子转速相同。一般情况下，用于伺服系统的同步电动机在轴后端部装有编码器（光码盘），用于反馈电机的位置与速度。反馈信号经伺服驱动器实时运算处理，实现伺服系统的闭环（或半闭环）高精度控制。现在，市场上常见的交流伺服电机多为永磁同步交流伺服电机，但这种电机受工艺限制，很难做到很大的功率，十几kW以上的交流同步伺服电机价格极其昂贵，在这种情况下，若现场应用允许，多采用交流异步伺服电机。

（2）气缸和气动电动机

气缸是将压缩气体的压力能转换为机械能的气动执行元件，可以驱动机构作直线往复运动、摆动和旋转运动。气动电动机（也称风动电动机）是指将压缩空气的压力能转换为旋转的机械能的装置，一般作为复杂装置或机器的旋转动力源。气动电动机与和它起同样作用的电动机相比，其特点是壳体轻，输送方便；且其工作介质是空气，不必担心引起火灾；气动电动机过载时能自动停转，而与供给的压力保持平衡状态。由于上述特点，气动电动机被广泛应用于矿山机械及气动工具等场合。

（3）液压缸和液压电动机

液压缸和液压电动机是在液压系统中将液压能转换为机械能的液压执行元件。液压缸的作用是将液压能转换为直线往复运动或摆动运动中的动力，而液压电动机（也称为油马达）的输出则是旋转运动。液压马达主要应用于注塑机械、船舶、卷扬机等。液压系统结构简单，工作可靠，可免去减速装置，没有传动间隙，运动平稳，因此在各种机械中得到广泛应用。

（4）电磁铁

电磁铁是在通电时产生电磁力的一种装置，按电磁铁用途可将其分为以下几种：

①牵引电磁铁。主要用来牵引机械装置，开启或关闭各种阀门，以执行自动控制任务。

②起重电磁铁。用作起重装置来吊运钢锭、钢材、铁砂等的铁磁性材料。

③制动电磁铁。主要用于对电动机等进行制动，以达到准确停车的目的。

④其他用途。用于磨床的电磁吸盘以及电磁振动器等。

3．传感器

传感器是能感受规定的被测量，并按照一定的规律转换为可用输出信号的器件或装置。工业用传感器按用途分可为与位移、力、温度、湿度等相关的传感器，其输出信号可分为模拟、数字和开关量信号。

①与位移有关的传感器。分为位移传感器、速度传感器、加速度传感器、接近开关等。位移传感器包括直线位移传感器和角度位移传感器。直线位移传感器包括光栅尺，如图2-37（a）所示；角度位移传感器包括旋转码盘（或编码器），外形如图2-37（b）所示；接近开关的外形如图2-37（c）所示。

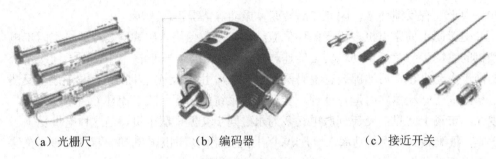

| （a）光栅尺 | （b）编码器 | （c）接近开关 |

图2-37　传感器

②与力有关的传感器。它是能感受外力并转换成可用输出信号的传感器，可用来测量重力和力矩等。

③其他类型的传感器。如温度传感器、气体传感器等。温度传感器利用热电阻和热电偶进行温度检测，而气体传感器则可以对特定气体的浓度进行检测。

4．按钮开关

按钮开关是一种结构简单、应用十分广泛的主令电器。在电气自动控制电路中，用于手动发出控制信号来控制接触器、继电器、电磁启动器等。按钮开关的结构种类很多，可分为控制按钮、万能转换开关和行程开关等。其中控制按钮又分为普通揿钮式、蘑菇头式、自锁式、自复位式、旋柄式、带指示灯式、带灯符号式及钥匙式等，有单钮、双钮、三钮及不同组合形式，一般采用积木式结构。

5．电器辅件

（1）电线和电线接头

电线是在传导电能时使用的载体。电线产品可分为裸电线及裸导体制品、电力电线、电气设备电线、通信电线和绕组线等。电线使用的工作条件（如电压、电流等）和可能存在的外界影响（如温度、腐蚀、机械、电磁干扰等）是电线型号划分的重要参数。

电线接头（也称接头）是为使电缆连接成为一个连续线路的中间连接点。电线线路中间部位的电缆接头称为中间接头，而线路两末端的电缆接头称为终端头。电线接头的目的是使线路通畅，使电缆保持密封，并保证电缆接头处的绝缘等级，使电气系统安全可靠地运行。

屏蔽线在保护层与信号线之间加入了金属箔和编织铜网，保证了信号的传递不受外界电磁干扰。压线接头可以支持型号各异的电线固定连接方式。特定标准的航空接插件原为航空项目而研制，它易于保证接线的可靠性和接拆线的灵活性。线管及接头用于对成组电线的固定和保护。

（2）接线端子、拖链与线槽

接线端子使导线的连接十分方便，可以随时断开和连接，而不必把它们焊接在一起，适合大量的导线互联。

线槽（又称走线槽、配线槽或行线槽）是用来将电源线、数据线等线材规范地整理，固定在电控箱（柜）内的电器安装板上的盒状件。

拖链按材质分为钢质拖链和塑料拖链。拖链按结构形式分为全封闭拖链和桥式拖链。塑料拖链，适合于往复运动的场合，对内置的电缆、气管等起到牵引和保护作用。拖链安装方便，可任意增减活动节，有些型号每节都可以敞开，便于安装和维修。

三、电力系统的安装要求

在电气系统安装前要认真识读电气原理图及接线图，并准备电气安装工具和测量工具（万用表等）。各电器元件的安装应符合电气产品使用说明书的相关要求，并应重点注意各型号电器件的标定耐压值、耐电流值、接线方法和注意事项等，以避免在安装调试时损坏元器件或降低产品性能。

电气系统的多个电器元件可集中安装在电控箱（或电控柜）内部的安装板上，并用螺钉等进行紧固。一般将体积较小的电器件安装箱体称为电控箱，而将体积较大、立于地面上的箱体称为电控柜。电控箱主要起控制作用，电控箱的出线用于连接安装在设备上的传感器和执行元件等。

为了保证电气系统安装的工艺性、可靠性和便于维修，在设计和安装电气系统时需注意以下内容：

（1）保证安装和拆卸的便利性

①电器元件及其安装板的安装结构应尽量考虑进行正面拆装，尽可能正面安装或拆卸电器元件的安装螺钉等。

②各电器元件应可进行单独拆装和更换，而不应影响其他元器件及导线的固定。

③不同电压等级的熔断器应分开布置，不应交错或混合排列。

④端子应设有安装序号，端子排应便于更换且接线方便，离地面的高度一般大于350 mm。

⑤线槽铺设应平直整齐，呈水平或垂直方向排线，水平或垂直方向的允许偏差应为其长度的2‰，槽盖应便于开启。

⑥面板上安装元件按钮时，为了提高效率和减少错误，可先用铅笔等直接在相应位置标示，或粘贴标签。

（2）保证安装的可靠性，提高抗干扰能力

①发热元件应安装在排风扇附近等散热良好的区域，发热元件的连接导线应采用耐热导线或套有瓷管的裸铜线。

②二极管、三极管及可控硅、矽堆等电力半导体，应将其散热面或散热片的风道呈垂直方向安装，以利于散热。

③电阻器等电热元件一般应安装在电控箱的上方，其方向及位置应利于散热，并应减少对其他元件的热影响。

④控制箱内电子元器件的安装要尽量远离电控系统主电路、开关电源及变压器

等电流较大及热量较高的区域，不得直接放置在或靠近柜内其他发热元件的热气对流方向或位置。

⑤瓷质熔断器在金属安装板上安装时，其底座应安放软绝缘衬垫。

⑥低压断路器与熔断器在配合使用时，熔断器应安装在电源一侧。

⑦强电和弱电的接线端子应分开布置和安装。如无法分开时，应有明显标志，并设空接线端子隔开或安装绝缘性强的隔板等。

⑧有防震要求的电器件应设置减震装置，并对其紧固螺栓采用防松处理。

⑨螺钉规格应选配适当，应有利于电器件的固定和防松。紧固件尽量采用防锈效果较好的镀锌件。

⑩线槽内外表面应光滑平整、强度高且无毛刺；线槽盖完整，盖合的质量好；线槽的出线口位置正确、光滑无毛刺。

⑪线槽的连接应连续不间断，线槽接口应平直、无间隙。每节线槽的固定点不应少于2个。在转角、分支处和端部均应有固定点，并紧贴安装板固定。

⑫断路器、漏电断路器、接触器、热继电器和动力端子等元件的接线端子与线槽的直线距离为30 mm。

⑬控制端子、中间继电器和其他控制元件与线槽的直线距离为20 mm。

⑭固定低压电器时，不得使电器内部承受额外的力。

⑮低压断路器的安装应符合产品技术文件的规定，无明确规定时，宜垂直安装，其倾斜度应不大于5°。

⑯利用电磁力或重力工作的电器元件，例如接触器及继电器，其安装方式应严格按照产品说明书的规定，以免影响其可靠性。

⑰电器元件的紧固应设有防松装置，一般应放置弹簧垫圈及平垫圈。弹簧垫圈应放置于螺母一侧，平垫圈应放于紧固螺钉的两侧。如采用双螺母锁紧或其他锁紧装置时，可不设弹簧垫圈。

⑱当铝合金部件与非铝合金部件连接时，应使用绝缘衬垫隔开，避免其直接接触，以防止电解腐蚀。

⑲电器件的接线应采用铜质或有电镀金属防锈层的螺栓和螺钉，紧固牢靠，且应防松。

⑳当元件本身有预制导线时，应用转接端子与柜内导线连接，尽量不对接。

（3）安装后便于调整和维修

①使用中易于损坏的熔断器，或在使用过程中可能需要调整及复位的电器件，应能在不拆卸其他元件时，便可以完成更换和调整操作。

②熔断器的安装位置及相互间的距离应便于对熔体的更换。

③安装具有熔断指示器的熔断器时，应使其指示器便于观察。

（4）安装后应尽量避免操作失误

①主令操纵电器元件及整定电器元件的布置，应避免由于偶然触及其手柄、按

钮而产生误动作或动作值变动，整定装置一般在整定完成后应以双螺母锁紧并用红漆漆封，以免移动。

②系统或不同工作电压电路的熔断器应分开布置。

③按钮开关之间的距离一般为50～80 mm。按钮箱之间的距离宜为50～100 mm。当倾斜安装时，其与水平线的倾角不宜小于30°，否则不便于操作。

四、电气系统原理图的识读

电气控制系统一般由主电路、控制电路和辅助电路组成。在了解电气控制系统的总体结构、电动机、电器元件的分布状况及控制要求等内容后，便可对电气原理图进行分析了。首先查看主电路，根据主电动机、辅助机构电动机和电磁阀等执行电器的控制要求，分析它们的启动控制、方向控制、调速和制动电路；再根据主电动机、辅助机构电动机和电磁阀等执行电器的控制要求，逐一找出控制电路中的控制环节；最后分析电源显示、工作状态显示、照明和故障报警等辅助电路。

现以CA6140普通车床电控系统为例，进行电气控制系统的初步分析。CA6140车床电气系统，该电路的主电路为从电源到3台电动机的电路；控制电路为由接触器、继电器等组成的电路；辅助电路由照明、指示电路等组成。该电气系统的功能主要包括主轴控制部分、冷却泵控制部分、刀架快速移动控制部分、6 V的电源信号指示及24V机床照明部分。

1．供电电路分析

车床的动力电为380V，交流电机M1、M2、M3分别为主轴电机、冷却泵电机、拖板快速移动电动机。变压器TC1为控制、照明、信号电路供电，其中控制支路电压为110 V，照明灯EL电压为24 V，指示灯HL电压为6 V。

2．控制关系分析

电气控制系统可分为保护部分和逻辑控制部分。保护部分由电源保护、断路保护（FA1、FA2、FA3、FA4）、短路保护（QS）、热保护继电器（FR1、FR2、FR3）组成。逻辑控制部分分为主轴电动机M1的控制、冷却泵电动机M2的控制、刀架快速移动电动机M3的控制。主轴电动机的控制依靠KM1接触器自锁及开关按钮实现，冷却泵电动机与刀架快速移动电动机由开关与接触器分别控制。

车床的具体控制关系情况如下：

①主轴电动机的控制按下启动按钮SB2，接触器KM1的线圈获电动作，其主触头闭合，主轴电动机M1启动运行。同时KM1的一常开触头闭合，构成自锁电路。按下停止按钮SB1，自锁条件被破坏，主轴电动机M1停止。

②冷却泵电动机控制如果在车削加工过程中，工艺需要使用冷却液时，合上开关SA1，接触器KM2线圈通电吸合，其主触头闭合，冷却泵电动机运行。

③拖板快速移动的控制拖板快速移动电动机M3的启动是由安装在进给操纵手柄顶端的按钮SB3来控制，它与接触器KM3组成点动控制环节。将操纵手柄扳到所

需要的方向，压下按钮SB3，接触器KM3获电吸合，M3启动，拖板就按照指定方向快速移动。由电气原理图可知，只有当主轴电动机Ml启动后，即在KM1闭合状态下，快速移动电机M3才有可能启动，当Ml停止运行时，M3也同时自动停止。

④EL为机床的低压照明灯，由开关SA2控制；HL为机床的指示灯，变压器通电即亮。

五、常用电器件的选用

在进行电器件安装前，应分析断路器、接触器、热继电器、熔断器和主令电器等常用电器元件的主要参数指标，并能正确选用。

1. 断路器的选用

断路器按其使用范围分为高压断路器和低压断路器，一般将耐压3 kV以上的称为高压断路器。低压断路器又称自动开关，它是一种既有手动开关作用，又能自动进行失电压、欠电压、过载和短路保护的电器。普通型和智能型低压断路器外形分别如图2-38（a）、（b）所示。它可用来分配电能，不频繁地启动异步电动机，对电源线路及电动机等实行保护。

（a）普通型低压断路器　　　　（b）智能型低压断路器

图2-38　低压断路器

当发生严重的过载或者短路及欠电压等故障时，它能自动切断电路，其功能相当于熔断器式开关和过电压、欠电压继电器等的组合。在分断故障电流后，一般不需要更换零部件即可再次使用，因此低压断路器已获得广泛的应用。

额定工作电压指断路器在正常（不间断的）情况下的工作电压。

额定电流I_n：指配有专门的过电流脱扣继电器的断路器，在制造厂家规定的环境温度下所能承受的最大电流值。

短路继电器脱扣电流整定值指短路脱扣继电器（瞬时或短延时）使断路器快速跳闸时的极限电流。

额定短路分断电流指断路器能够分断而不被损害的最大电流值。标准中提供的电流值为故障电流交流分量的均方根值，计算标准值时，直流暂态分量（总在最坏的情况下出现）假定为零。

（1）低压断路器选用的一般原则

①低压断路器额定工作电压U应不小于线路的额定电压。

②低压断路器额定电流I应不小于线路的计算负载电流。

③低压断路器额定分断电流I应不小于线路中最大的短路电流。

④线路末端的单相对地短路电流与低压断路器脱扣整定电流之比应在1.25倍以上。

⑤脱扣继电器的额定电流应不小于线路的计算电流。

⑥欠电压脱扣器的额定电压应等于线路的额定电压。

（2）配电用低压断路器的选用

①长延时动作电流整定值应等于0.8～1倍导线允许载流量。

②3倍长延时动作电流整定值的可返回时间不小于线路中最大启动电流的电动机启动时间。

③短延时的延时时间按被保护对象的热稳定性校核。

（3）电动机保护用低压断路器的选用

①长延时电流整定值等于电动机的额定电流。

②6倍长延时电流整定值的可返回时间不小于电动机的实际启动时间。按启动时负载的轻重，可选用可返回时间为1 s、3 s、5 s、8 s、15 s中的某一档。

③笼型电动机瞬时整定电流为8～15倍脱扣器额定电流；绕线转子电动机瞬时整定电流为3～6倍脱扣器额定电流。

（4）照明用低压断路器的选用

①长延时整定值不大于线路计算负载电流。

②瞬时动作整定值等于6～20倍线路计算负载电流。

2．接触器的选用

交流接触器和直流接触器的外形分别如图2-39（a）、（b）所示。接触器是利用线圈流过电流产生磁场，使触点闭合，以达到控制负载的目的。接触器由电磁系统（由衔铁、铁芯和电磁线圈组成）、触点系统（常开触点和常闭触点）和灭弧装置组成。其原理是当接触器的电磁线圈通电后，会产生很强的磁场，使铁芯产生电磁吸力吸引衔铁，并带动常闭触点断开或常开触点闭合。当线圈断电时，电磁吸力消失，衔铁在释放弹簧的作用下释放，使触点复原。交流接触器的结构如图2-40所示。

（a）交流接触器

（b）直流接触器

图2-39　接触器

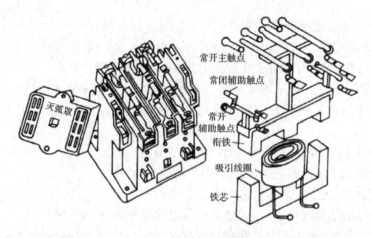

图2-40　交流接触器的结构

接触器的主要参数如下：

①接触器的型号：接触器的类型应根据负载电流的类型和负载的大小来选择，电流在5～1000 A不等。直流接触器的动作原理和结构基本上与交流接触器的相同，一般用于控制直流电器设备，线圈中通以直流电。

②主触点的额定电流：应大于电动机功率除以1～1.4倍电动机额定电压。如果接触器控制的电动机频繁地启停或反转，一般将接触器主触点的额定电流降1级使用。

③主触点的额定电压：接触器铭牌上所标电压指主触点能承受的额定电压，并非吸引线圈的电压，使用时接触器主触点的额定电压应不小于负载的额定电压。

④操作频率：指接触器每小时通断的次数。当通断电流较大及通断频率过高时，会引起触点严重过热甚至熔焊。操作频率若超过规定数值，则应选用额定电流大1级的接触器。

⑤线圈额定电压：线圈额定电压不一定等于主触点的额定电压。当线路简单、使用电器少时，可直接选用380 V或220 V电压的线圈。如线路复杂，或电器使用时间超过5 h时，可选用24 V、48 V或110 V电压的线圈。

3．热继电器的选用

热继电器是由流入热元件的电流产生热量，使有不同膨胀系数的双金属片发生形变，当形变达到一定距离时，就推动连杆动作，使控制电路断开，从而使接触器失电，主电路断开，实现电动机的过载保护。

热继电器作为电动机的过载保护元件，以其体积小、结构简单、成本低等优点在生产中得到广泛的应用。热继电器的主要参数如下：

①额定电压：指热继电器能够正常工作的最高电压值。分为交流220 V、380 V和600 V等。

②额定电流：热继电器热元件的额定电流G指通过热继电器的电流，其值应大于或者等于所控电路的额定电流。

③额定频率：热继电器的额定频率一般取45～62 Hz。

④整定电流范围：整定电流的范围由热继电器本身的特性来决定。在一定的电流条件下，热继电器的动作时间与电流的平方成正比。

选择热继电器作为电动机的过载保护时，应使选择的热继电器的安秒特性位于电动机的过载特性之下，并尽可能地使它们接近甚至重合，以充分发挥电动机的能力，并使电动机在短时过载和启动瞬间不受影响。

一般场所可选用不带断相保护装置的热继电器，但当作为电动机的过载保护时应选用带断相保护装置的热继电器。热继电器的额定电流应大于电动机的额定电流，并根据额定电流来确定热继电器的型号。热继电器的热元件额定电流应略大于电动机的额定电流。使用时，一般将热继电器的整定电流调整到等于电动机的额定电流；对过载能力差的电动机，可将热元件整定值调整到电动机额定电流的0.6～0.8倍。对启动时间较长、拖动冲击性负载或不允许停车的电动机，热元件的整定电流应调整到电动机额定电流的1.1～1.15倍。

4. 熔断器的选用

熔断器是在电流超过规定值一定时间后，以其自身产生的热量使熔体熔化，从而使电路断开的一种电流保护器，广泛应用于低压配电系统、控制系统及机电设备中。

（1）熔断器类型的选用

熔断器可包括螺旋式、有填料管式、无填料管式和有填料封闭管式等类型。

①螺旋式熔断器在熔断管中装有石英砂，熔体埋于其中。当熔体熔断时，电弧喷向石英砂及其缝隙，可迅速降温而使电弧熄灭。为了便于监视，熔断器一端装有色点，不同的颜色表示不同的熔体电流，熔体熔断时，色点跳出，表示熔体已熔断。螺旋式熔断器的额定电流为5～200 A，主要用于短路电流大的分支电路或有易燃气体的场所。

②有填料管式熔断器是一种有限流作用的熔断器。由填有石英砂的瓷熔管、触点和镀银、铜栅状熔体组成。填料管式熔断器均装在特制的底座上，如带隔离刀闸的底座或以熔断器为隔离刀的底座上，通过手动机构操作。填料管式熔断器的额定电流为50～1000 A，主要用于短路电流大的电路或有易燃气体的场所。

③无填料管式熔断器的熔丝管由纤维物制成，使用的熔体为变截面的锌合金片。熔体熔断时，纤维熔管的部分纤维物因受热而分解，产生高压气体，使电弧很快熄灭。无填料管式熔断器具有结构简单、保护性能好、使用方便等特点，一般与刀开关组成熔断器刀开关。

④有填料封闭管式快速熔断器是一种快速动作型熔断器，由熔断管、触点底座、动作指示器和熔体组成。熔体为银质窄截面或网状形式，熔体为一次性使用，不能自行更换。由于其具有快速动作性，因此一般用于保护半导体整流元件。

（2）熔断器的参数选择

①熔断器额定电流的选择：对于变压器、照明等负载，熔体的额定电流应略大

于或者等于负载电流。对于输配电线路，熔体的额定电流应略大于或者等于线路的安全电流。在电动机回路中用作短路保护时，应考虑电动机的启动条件，按电动机启动时间的长短来选择熔体的额定电流。在电动机末端回路中，熔断体的额定电流应稍大于电动机的额定电流。

②熔断器的选择：熔断器额定电压应大于线路电压；熔断器额定电流应大于线路电流；熔断器的最大分断电流应大于被保护线路上的最大短路电流。

六、典型电器件的安装

1. 传感器的安装

①传感器的固定连接。不同型号的传感器的安装要求和使用方法不同，安装前应认真查阅传感器的说明书，掌握关键技术参数，保证安装位置的准确性和连接的可靠性。

②传感器的接线。传感器有自出线和外接线2种形式，有二线、三线等出线形式，连接时应检查电压、正负级，并应保证连接点无虚接现象。

③传感器的信号电缆不应与电流较强的电源线等主电路线距离过近。若它们必须并行放置，则应保证它们之间的距离保持在50 cm以上，并把信号线用金属管套起来，或采用屏蔽线。

④所有通向显示电路或从电路引出的信号线，均应采用屏蔽电缆。屏蔽线的连接及接地点应合理。

⑤传感器输出信号电路不应与能产生强烈干扰的设备（如可控硅、接触器等）及有大热量产生的设备置于同一箱体中。如一定要安装在同一箱体内，则应在它们之间设置金属隔离板，并采用强制通风。

⑥用来检测传感器输出信号的电子线路，应尽可能配置独立的供电变压器，而不应与接触器等共用同一主电源。

2. 按钮的安装

在控制箱外的部分按钮，如机电设备的启动、停止按钮等，需要在特定的位置进行单独安装。由于此类开关操作较频繁，要求操作可靠，所以应注意品牌和安装方式。一般在有较高要求的情况下，选用国产名牌（如正泰）或德国施耐德等品牌的按钮开关。

3. 导线的装配

除控制箱内部的连接导线外，在控制箱（柜）与电机、传感器及机电设备的操作按钮之间还存在外部连接导线，这部分导线一般分为动力线和信号线两大类。动力线的电压较高、电流较大，而信号线则相反。

①如在设备工作时，连接电线两端相对位置存在相对运动，则应采用拖链或线管的安装形式。需将电线安放在拖链的内槽中或线管中，并进行固定。

②传感器信号电压较低，抗干扰能力差，所以在传送传感器电压等信号时，应

尽量使用屏蔽线，并远离动力线等的强干扰场。

③在不影响调试便利性的前提下，电线的连接处应尽量采用焊接，以提高其连接的可靠性。

④考虑到现场接、拆线的灵活性和便利性，以及安装可靠性的要求，可优先选用航空插头。

七、电气系统的调试

电气系统的调试是指在电气设备安装好以后，需要对连接线路进行检查核对，并完成对相应元件的参数设置，实现对机电设备的控制要求。

电气系统的调试设定内容包括：保护回路中的元件参数确定；时间继电器的时间设定；变频器的参数设置；接近传感器的安装位置调整，测距传感器灵敏度调整等；PLC、工控机等的程序编写与调试；伺服电机驱动器的参数设定等。

1．电气系统调试前的准备

①检查各处连接螺栓等是否连接牢固。

②进行机电设备的运动件检查，确认其无运动卡阻现象。

③确认各行程开关等的安装位置正确，死挡铁安装可靠，以避免在控制失误时造成危险。

④进行电器件型号、外观、连接位置和可靠性检查。

2．设备的通电调试

在进行通电调试时，为保证调试过程的安全性，应注意先低速后高速、先单步后联动、先短距离再大范围的调试原则，并应保证调试时的急停开关在附近、触手可及的位置，以供应急之用。

对于数控设备，通电调试的步聚如下：

①设备的程序编制、仿真运行和程序写入。

②设备程序的单步运行。

③设备的机械与电气控制的整体联调。

八、电气系统接线的案例

电气系统接线的基本步骤为：识读电气原理图、绘制电气安装接线图、检查和调整电器元件、电气控制柜的安装配线、电气控制柜的安装检查和电气控制柜的调试6个步骤。下面以车床电气接线为例进行说明。

电气系统原理图是根据控制线路工作原理绘制的，它具有结构简单、层次分明的特点，主要用于研究和分析电路的工作原理。

电气安装接线图是为安装电气设备和电器元件而进行配线或检修电气故障时使用的。在电气安装接线图中可显示出电气设备中各元件的空间位置和接线情况，在安装或检修时可以对照电气原理图。电气安装接线图是根据电气设备位置布局合理、经济的原则设计的，其标明了机床电气设备各单元之间的接线关系，并标注出外部接线所需的数据。根据电气安装接线图就可以进行电气设备的安装接线了。

在实际工作中，电气安装接线图常与电气原理图结合起来使用。线路比较简单时，可根据电气原理图完成接线；但在线路复杂时，按电气原理图接线很容易出错，而且对工人的技术要求很高。在这种情况下，详细绘制并标出线的线号和型号，但不显示接线原理的电气安装接线图，可方便施工并降低对工人的技术要求。

1．识读电气原理图

某车床的电气原理图如图2-41所示。该电气线路是由主电路、控制电路、照明电路等部分组成。

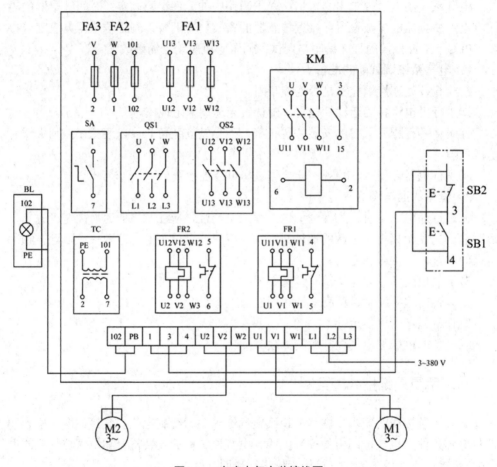

图2-41 车床电气安装接线图

①主电路。电动机电源采用380V的交流电源，由电源开关QS1引入。主轴电动机M1的启停由KM的主触点控制，主轴通过摩擦离合器实现正反转；主轴电动机启

动后，才能启动冷却泵电动机M2，是否需要冷却由转换开关QS2控制。熔断器FU1为电动机M2提供短路保护。热继电器FR1、FR2分别为电动机M1、M2提供过载保护，它们的常闭触点串联后接在控制电路中。

②控制电路。主轴电动机的控制过程为：合上电源开关QS1，按下启动按钮SB1，接触器KM线圈通电使铁心吸合，电动机M1因KM的3个主触点吸合而通电启动运转，同时并联在SB1两端的KM辅助触点（3、4）吸合，实现自锁；按下停止按钮SB2后，M1停止转动。

冷却泵电动机的控制过程为：当主轴电动机M1启动后（KM主触点闭合），合上QS2，电动机M2得电启动；若要关掉冷却泵，断开QS2即可。当M1停转后，M2也停转。

若电动机M1和M2中任何一台过载，其相对应的热继电器的常闭触点即断开，从而使控制电路失电，接触器KM释放，所有电动机停转。FU2为控制电路的短路保护。另外，控制电路还具有欠电压保护功能，当电源电压低于接触器KM线圈额定电压的85%时，KM会自行释放。

③照明电路。照明电路由变压器TC将交流380V转换为36V的安全电压供电，FU3为短路保护。合上开关SA，照明灯EL亮。照明电路必须接地，以确保人身安全。

④该车床电气原理图中所使用的电器元件见表2-32。

表2-32　电器元件代号、名称、型号、规格一览表

代号	元件名称	型号	规格	件数
M1	主轴电动机	J52—4	7kW，1400r/min	1
M2	冷却泵电动机	JCB—22	0.125kW.2790r/min	1
KM	交流接触器	CJ0—20	380V	1
FR1	热继电器	JR16—20/3D	14.5A	1
FR2	热继电器	JR2—1	0.43A	1
QS1	三相转换开关	HZ2—10/3	380V10A	1
QS2	三相转换开关	HZ2—10/2	380V10A	1
FU1	熔断器	RM3—25	4A	3
FU2	熔断器	RM3—25	4A	2
FU3	熔断器	RM3—25	1A	1
SB1、SB2	控制按钮	LA4—22K	5A	1
TC	照明变压器	BK—50	380V/36V	1
EL	照明灯	JC6—1	40W，36V	1

2．绘制电气安装接线图

应先确定电器元件的安装位置，然后绘制电气安装接线图。

3．检查和调整电器元件

根据表2-32列出的车床电器元件，配齐电气设备和电器元件，并逐件对其检验。

①核对各电器元件的型号、规格及数量。

②用电桥或万用表检查电动机M1、M2各相绕组的电阻，用兆欧表测量其绝缘电阻，并作好记录。

③用万用表测量接触器KM的线圈电阻，记录其电阻数值；检查KM外观是否清洁完整、有无损伤，各触点的分合情况，接线端子及紧固件是否缺少、生锈等。

④检查电源开关QS1、QS2的分合情况及操作的灵活程度。

⑤检查熔断器FU1、FU2的外观是否完整，陶瓷底座有无破裂。

⑥检查按钮的常开、常闭触点的分合动作。

⑦用万用表检查热继电器FR1、FR2的常闭触点是否接通，并分别将热继电器FR1、FR2的整定电流调整到14.5A和0.43A。

4．电气控制柜的安装配线

①制作安装底板。由于该车床电气线路简单，电器元件数量较少，所以可以利用机床机身的柜架作为电气控制柜。除电动机、按钮和照明灯外，其他电器元件安装在配电板上。配电板可采用钢板或绝缘板，为了美观和加强绝缘，要在钢板上覆盖一层玻璃布层压板或布胶木层，也可在钢板上喷漆。

②选配导线。由于各生产厂家不同，车床电气控制柜的配线方式也有所不同，但大多数采用明配线。其主电路的导线可采用单股塑料铜芯线BV2.5 mm^2（黑），控制电路采用BV1.5 mm^2（红），按钮线采用LBVR0.75 mm^2（红）。

③画安装尺寸线及走向线。在熟悉电气原理后，根据安装接线图，按照安装操作规程，在安装底板上画安装尺寸线以及电线管的走向线，并度量尺寸，然后根据走线位置和方向，锯割走线管或走线槽。

④安装电器元件。根据安装尺寸线钻孔，固定电器元件。若采用导轨安装形式，则应先安装导轨，再安装电器元件。

⑤给各元件和导线编号。根据电气原理图，给各电器元件和连接导线作好编号标志，给接线板编号。

⑥接线。在接线时，应先接控制柜内的主电路、控制电路，需外接的导线接到接线端子排上，然后再接柜外的其他电器和设备，如按钮SB1和SB2、照明灯EL、主轴电动机M1、冷却泵电动机M2等。引入车床的导线要用金属软管加以保护。

5．电气控制柜的安装检查

安装完毕后，测试绝缘电阻并根据安装要求对电气线路、安装质量进行全面检查。

（1）常规检查。对照电气原理图和安装接线图，逐线检查，核对线号，防止错接和漏接；检查各接线端子的接触情况，若有虚接现象应及时排除。

（2）用万用表检查。在不通电的情况下，用万用表的欧姆挡对电路进行通断检查，具体方法如下：

①检查控制电路 断开主电路接在QS1上的3根电源线U、V、W，断开SA，把万用表拨到R×100挡，调零以后，将两只表笔分别接到熔断器FU2两端，此时电阻应为零，否则有断路问题。将两只表笔再分别接到1、2端，此时电阻应为无穷大，否则接线可能有误（如SB1应接常开触点，而错接成常闭触点）或按钮SB1的常开触点粘连而处于闭合状态；按下SB1，此时若测得一电阻值（为KM线圈电阻），说明1、2支路接线正确；按下接触器KM的触点架，其常开触点（3、4）闭合，此时万用表测得的电阻仍为KM的线圈电阻，表明KM自锁起作用；否则KM的常开触点（3、4）可能有虚接或漏接等问题。

②检查主电路 接上主电路上的3根电源线U、V、W，断开控制回路（取出FU2的熔芯），取下接触器KM的灭弧罩，合上开关QS1，将万用表拨到适当的电阻挡。把万用表的两只表笔分别接到L1和L2、L2和L3、L3和L1之间，此时测得的电阻应为无穷大，若某次测得电阻为零，则说明所测两相接线间有短路；按下接触器KM的触点架，使KM的常开触点闭合，重复上述测量，此时测得的电阻应为电动机M1两相绕组的电阻值，且3次测得的结果应基本一致，若有电阻为零、无穷大或不一致的情况，则应进一步检查电路。

③将万用表的两只表笔分别接到U11和V11、V11和W11、W11和U11之间，未合上QS2时，测得的电阻应为无穷大，否则可能有短路问题；合上QS2后测得的电阻应为电动机M2两相绕组的电阻值，且3次测得的结果应基本一致，若有电阻为零、无穷大或不一致，则应进一步检查。

对于上述检查中发现的问题，应结合测量结果，通过分析电器原理图，进一步检查或修正。

6. 电气控制柜的调试

电路经过检查无误后，才能进行通电试车。

①空操作试车。断开主电路接在QS1上的3根电源线U、V、W，合上电源开关QS1使控制电路得电。按下启动按钮SB1，KM应吸合并自锁；按下SB2，KM应断电释放。合上开关SA，机床照明灯应亮；断开SA，则照明灯灭。

②空载试车。空操作试车通过后，在断电状态下接上U、V、W，然后通电，合上QS1。按下SB1，观察主轴电动机M1的转向、转速是否正确，再合上QS2，观察冷却泵电动机M2的转向、转速是否正确。空载试车时，应先拆下连接主轴电动机和主轴变速箱间的传动带，以免在转向不正确情况下损坏传动机构。

③负载试车。在机床电气线路及所有机械部件安装调试完成后，按照车床性能指标，在载荷状态下逐项进行试车。

第三章 机电设备的使用现场 组装和调试

第一节 机电设备的现场安装条件

使用现场的安装是指设备在生产企业制造完成后，被运输到使用现场后的安装与调试过程。机电设备的使用现场安装包括使用现场的地基准备、整机就位安装和整机调试过程。

一、机电设备的安装地基

在机电设备安装前，其基础、地坪和相关建筑结构等应已符合相应的要求和规定，即称为具备安装条件。其中基础也称安装地基（或地基），是直接承载机电设备的部分，工厂必须将机电设备安装在预先制作好的基础上，基础的质量直接影响到安装的质量、设备的运行情况、工作的稳定性和设备使用寿命等，因此是重要的现场安装指标。

1. 机电设备基础的类型
机电设备基础有块型基础和构架式基础2种类型，它们由混凝土和钢筋浇灌而成，有相当大的质量。块型基础的形状是块状，应用最广，适用于各种类型的机电设备。构架式基础的形状是与设备形状相似的框架，常用于转动频率较高的设备，如功率不大的透平发电机组（用燃气轮机带动发电的发电机组）等。

2. 设备基础的一般要求
设备基础的设计应根据当地的土壤条件和安装的技术条件进行，安装的技术条件是根据设备的重量、环境要求（供电要求、隔振、温度等）等制定的。在制作基础时，必须使基础的位置、标高、尺寸以及预埋的设备电缆接口等符合生产工艺布局的规定和技术安全条例的要求。

机床及工件的重量、在切削过程中产生的切削力等，都将通过机床的支承部件传至地基，所以地基的质量将关系到机床的加工精度、运动平稳性、机床变形、磨损以及机床的使用寿命。为增大阻尼和减少机床振动，地基应有一定的质量；为避

120

免过大的振动、下沉和变形，地基应具有足够的强度和刚度。对于轻型或精度不高的设备，天然地基强度即可满足要求，但对于精密或者重型设备，当有较大的加工件需在机床上运动时，会引起地基的变形，此时就需加强地基的刚度，并压实地基以减小地基的变形。地基土的处理方法可采用夯实法、换垫层法、碎石挤密法或碎石桩加固法。精密机床或50t以上的重型机床，地基加固可用预压法或采用桩基。

一般中小型数控机床无需做单独的地基，只需在硬化好的地面上，采用活动垫铁，稳定机床的床身，用支承件调整机床的水平。大型、重型机床需要专门做地基，精密机床应安装在单独的地基上，在地基周围设置防振沟，并用地脚螺栓紧固。地基平面尺寸应大于机床支承面积的外廓尺寸，并考虑安装、调整和维修所需尺寸。此外，机床旁应留有足够的工件运输和存放空间。机床与机床、机床与墙壁之间应留有尺寸足够的通道。

在数控机床确定的安放位置上，应根据机床说明书中提供的安装地基图进行施工。同时要考虑机床重量和重心位置，与机床连接的电线、管道的铺设，预留地脚螺栓和预埋件的位置。

对于机床来说，机床与被加工的工件都有一定的重量，工作时会产生振动，若无一定尺寸和质量的基础来承受这些负荷并减轻振动，不仅会降低设备的加工精度，影响产品的质量，甚至会降低机床的寿命，更严重时会造成机电设备的损坏和人员的伤亡，因此按设计要求制作设备基础是非常必要的。

①设备基础的位置、几何尺寸和质量要求，应符合现行国家标准《混凝土结构工程施工质量验收规范》（GB50204—2002）的有关规定，如表3-1所列，并应有验收资料或记录。

表3-1 机电设备基础位置和尺寸的允许偏差

项目		允许偏差/mm
坐标位置		20
不同平面的标高		0，-20
平面外形尺寸		±20
凸台上平面外形尺寸		0，-20
凹穴尺寸		+20，0
平面的水平度	每米	5
	全长	10
垂直度	每米	5
	全高	10

续表

项目		允许偏差/mm
预埋地脚螺栓	标高	+20, 0
	中心距	±2
预埋地脚螺栓孔	中心线位置	10
	深度	+20, 0
	孔壁垂直度	10
预埋活动地脚螺栓锚板	标高	+20, 0
	中心线位置	5
	带槽锚板的水平度	5
	带螺纹孔锚板的水平度	2

注：①检查坐标、中心线位置时，应沿纵、横2个方向测量，并取其中的最大值。

②预埋地脚螺栓的标高，应在其顶部测量。

③预埋地脚螺栓的中心距，应在根部和顶部测量。

②外形和尺寸与设备相匹配。任何一种设备基础的外形和基础螺钉的位置、尺寸等必须同该设备的底座相匹配，并应保证设备在安装后牢固可靠。

③具有足够的强度和刚性。基础应有足够的强度和刚性，以避免设备产生强烈的振动，影响其本身的精度和寿命，或对邻近的设备和建筑物造成不良影响。

④具有稳定性、耐久性。稳定性和耐久性指的是能防止地下水及有害液体的侵蚀，保证基础不产生变形或局部沉陷。若基础可能遭受化学液体、油液或侵蚀性液体的影响，基础应该覆加防护层。例如，在基础表面涂上防酸、防油的水泥砂浆或涂玛蹄脂油（由45%~50%煤沥青、25%~30%煤焦油和25%~30%的细黄沙组成），并应设置排液和集液沟槽。

⑤基础重心与设备形心重合。设备和基础的总重心与基础底面积的形心应尽可能在同一垂直线上。误差允许值为：

当地基的计算强度$P<150$ kPa时，其偏心值不得大于基础底面长度（沿重心偏移方向）的30%。

当地基的计算强度$P>150$ kPa时，其偏心值不得大于基础底面长度（沿重心偏移方向）的5%。

⑥基础的标高。应根据产品的工艺和操作是否方便来决定基础的标高，还应保证废料和烟尘排出通畅。

⑦预压。基础有预压和沉降观测要求时，应经预压合格，并应有预压和沉降观测的记录。大型机床的基础在安装前需要进行预压。预压物的质量为设备质量与工件最大质量总和的1.25倍。预压物可用沙子、小石子、钢材和铁锭等。将预压物均

匀地压在基础上，使基础均匀下沉。预压工作应进行到基础不再下沉为止。

⑧隔振装置。基础有防震隔离要求时，应按工程设计要求完成施工，隔振装置的设计与计算可按《动力机械和易振机电设备隔振设计及计算规程》进行。

⑨节约的原则。在满足使用条件下，基础的设计与施工应最大限度地节省材料和人工费用。

二、地脚固定方式的选用与安装

设备地脚的固定方式通常有地脚螺栓直接固定和可调垫铁固定2种方式，由于较多的机电设备需要在安装过程中调整各支撑点的高度，以使设备具有理想的空间姿态，所以仅选用地脚螺栓直接固定的方法目前已较少使用，多数设备采用地脚螺栓配合可调垫铁的组合方式或单独使用可调垫铁。

1．地脚螺栓的分类与安装

（1）地脚螺栓的分类

基础地脚螺栓分固定式和锚定式2种。固定式地脚螺栓的种类如图3-1所示，它在基础中的固定方式如图3-2所示。全部预埋法如图3-2（a）所示，优点是牢固性好，但需要准确的安装位置，而且校正困难。部分预埋法如图3-2（b）所示，在上部留出一定深度的校正孔，可在安装的同时校正，允许校正量为地脚螺栓公称直径的1～1.5倍，如图3-2（d）所示，校正后在孔内灌入混凝土固定。这种固定方式不如前一种牢固，对于螺栓直径较大或受冲击载荷作用的设备，都不宜使用，以防螺栓在弯折调整后产生内应力而影响其强度。施工配作法如图3-2（c）所示，是在基础施工时留出地脚螺栓孔，待设备在基础上找正后，再浇灌混凝土固定，这种方式施工简单，但不如其他方式牢固。

锚定式地脚螺栓分为"T"形头式和双头螺栓式2种，安装方式是螺栓穿过基础的预留孔后与锚板固定，分别如图3-3（a）、（b）所示。其锚板的联接形式分别如图3-3（c）、（d）所示。这种联接的优点是固定方法简单，安装时容易调整，地脚螺栓在损坏或断裂时便于更换。缺点是容易松动。

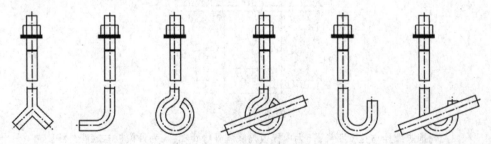

图3-1　固定式地脚螺栓的种类

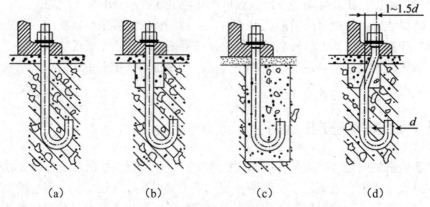

$1\sim1.5d$

（a）　　　　（b）　　　　（c）　　　　（d）

图3-2　固定式地脚螺栓在基础中的固定方式

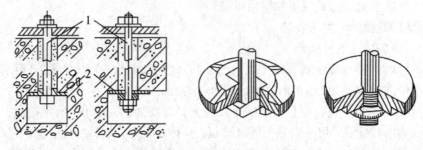

（a）"T"形头式　（b）双头螺栓式　（c）"T"形头式锚板　（d）双头螺栓式锚板

图3-3　锚定式地脚螺栓的固定方式

（2）固定式地脚螺栓的安装要求

固定式地脚螺栓的安装如图3-4所示，其安装要求如下：

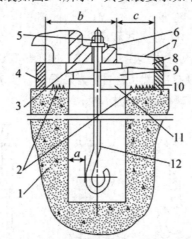

a为地脚螺栓与孔壁距离；b为内模板与底座外缘距离；c为外模板与底座外缘距离
1为基础；2为地坪麻面；3为设备底座底面；4为内模板；5为螺母；6为垫圈；7为灌浆层斜面；
8为灌浆层；9为成对斜垫铁；10为外模板；11为平垫铁；12为地脚螺栓

图3-4　垫铁与地脚螺栓的组合安装

124

①在安装预留孔的地脚螺栓前，应先将预留孔内的杂物清除，避免油污等杂质影响连接的强度和可靠性。

②地脚螺栓在预留孔中应保证垂直状态，以便保证螺母与设备底座的可靠接触和避免螺栓承受弯矩。

③地脚螺栓与孔壁的距离不得小于15 mm，地脚底部不允许接触孔的底部。

④地脚螺栓表面的油污和氧化皮应清除，螺纹部分应涂少量油脂。

⑤螺母、垫圈与设备底座间应接触充分，螺母旋紧后，螺栓宜露出2～3个螺距。

⑥在旋紧地脚螺栓前，预留孔中的混凝土应达到设计强度的75%以上，各螺栓的拧紧力要均匀。

（3）"T"形头地脚螺栓的安装要求

"T"形头地脚螺栓的安装如图3-5所示，其安装要求如下：

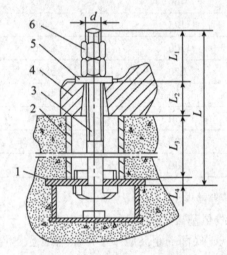

d为螺栓的公称直径；L₁为螺栓露出部分长度；A为设备底座螺孔深度；护管高度；L为锚板厚度； 1为锚板；2为护管；3为"T"形头地脚螺栓；4为设备底座；
5为垫板；6为螺母

图3-5 安装"T"形头地脚螺栓

①"T"形头地脚螺栓应与配套锚板成对使用。

②埋设锚板应保证牢固和平正。安装前需加装临时盖板，防止油、水等杂物进入孔内。护管与锚板应进行密封焊接。

③地脚螺栓光杆部分和基础板应刷防锈漆。

④预留孔与护管内的填充物，应符合设计要求。

⑤"T"形头地脚螺栓相关尺寸，宜选用表3-2所列数值。

表3-2 T形头地脚螺栓的相关尺寸　　　　　单位：mm

螺栓公称直径	螺栓露出设备底座上表面的最小长度（双螺母）	护管最大高度	锚板厚度
M24	55	800	20
M30	65	1000	25
M36	85	1200	30
M42	95	1400	30
M48	110	1600	35
M56	130	1800	35
M64	145	2000	40
M72X6	160	2200	40
M80X6	175	2400	40
M90X6	200	2600	50
M100X6	220	2800	50
M110X6	250	3000	60
M125X6	270	3200	60
M140X6	320	3600	80
M160X6	340	3800	80

（4）胀锚螺栓的安装要求

①胀锚螺栓的中心线至基础或构件边缘的距离应不小于胀锚螺栓公称直径的7倍；胀锚螺栓的底端至基础底面的距离应不小于胀锚螺栓公称直径的3倍，且不小于30 mm；相邻两胀锚螺栓的中心距应不小于胀锚螺栓公称直径的10倍。

②胀锚螺栓不应采用预留孔。

③安装胀锚螺栓的基础混凝土抗压强度不得小于10 MPa。

④胀锚螺栓不应使用在基础混凝土结构有裂缝的部位，或容易产生裂缝的部位。

（5）灌浇预埋螺栓的安装要求

①地脚螺栓的坐标及相互尺寸应符合地基图或施工图纸的要求，机电设备基础位置、尺寸的允许偏差应符合表3-1的规定。

②地脚螺栓露出部分应垂直，机电设备底座的安装孔与地脚螺栓间应留有调整余量，螺母与地脚螺栓旋合时不应有卡阻现象。

（6）环氧砂浆粘结地脚螺栓的安装要求

在采用全部预埋或部分预埋的地脚螺栓时，必须用金属架固定（不能回收），故要消耗大量的钢材，施工复杂，劳动量大，工期长，而且在浇灌过程中地脚螺栓还可能移位。近年来出现的用环氧砂浆粘结地脚螺栓的新工艺就避免了上述缺点。

环氧砂浆粘结地脚螺栓的操作方法如下：

①浇灌基础时不考虑地脚螺栓，只按图纸上的结构形式浇灌。

②当基础强度达到10 MPa时，按基础图上地脚螺栓的位置，在基础上画线钻孔，孔要垂直。

钻孔孔径为：

$$D=d+\triangle L$$

钻孔深度为：

$$L=10d$$

式中：D为钻孔孔径（单位：mm）；

L为地脚螺栓的埋入深度（单位：mm）；

d为地脚螺栓直径（单位：mm）；

③粘结面的处理。混凝土孔壁与地脚螺栓上若有油、水、灰、泥时，须用清水冲洗，干燥后再用丙酮擦洗干净。地脚螺栓若生锈，应在稀盐酸中浸泡除锈，再清洗干净。

④环氧砂浆调配。配比（质量比）见表3-3。

表3-3　环氧砂浆调配配比

6101环氧树脂（E—44）	100
苯二甲酸二丁酯	17
乙二胺	8
砂（粒径为0.25～0.5mm，含水小于0.2%）	250

环氧砂浆的调配方法是：将6101环氧树脂用砂浴法或水浴法加热到80℃，加入增塑剂苯甲酸二丁酯，均匀搅拌并冷却到30～35℃，将预热至30～35℃的砂（用作填料）加入乙二胺。搅拌时要朝一个方向，以免带入空气。将搅拌好的砂浆注入孔内，再将螺栓插入，要使螺栓垂直并位于孔的正中间，并设法将螺栓的位置固定，防止歪斜。

环氧砂浆的固化时间，夏季为5h，冬季为10h，固化以后就可进行安装操作。配制及浇灌环氧砂浆，应做好安全防护工作。经使用证明，上述配方有足够的粘结强度，完全可以满足一般设备的要求，推广使用将会使基础的设计和施工方法大为简化。

一般来说，地脚螺栓、螺母及垫圈应随设备配套供应，其规格尺寸在设备说明书上有明确的规定。地脚螺栓直径与设备底座上的螺栓孔直径关系如表3-4所列。

表3-4 螺栓与螺栓孔直径尺寸关系

螺栓孔直径/mm	20	25	30	50	55	65	80	95	110	135	145	165	185
蝶栓直径/mm	16	20	24	30	36	48	56	64	76	90	100	115	130

地脚螺栓的长度在施工图上有规定，也可按下式确定：

$$L=L_m+S+AL \qquad (4\text{-}6)$$

式中：L为地脚螺栓的长度（单位：mm）；

AL为取值范围为5～10（单位：mm）；

S为垫板高度及设备机座厚度、螺母厚度再加上预留量（3～5个螺距）；

L_m为地脚螺栓的埋入深度，一般取螺栓直径的15～20倍，但重要的设备可
以加长，一般不超过1.5～2m，除轻型设备外，不短于0.4m。

L_m的最小埋入深度也可参考表3-5。

表3-5 在100号混凝土中地脚螺栓的最小埋入深度

地脚螺栓直径d/mm		10～20	24～30	30～42	42～48	52～64	68～80
埋入深度	固定式地脚螺栓	200～400	500	600～700	700～800	—	—
Lm/mm	锚定式地脚螺栓	200～400	400	400～500	500	600	700～800

2．调整垫铁的分类与安装

机床调整垫铁一般分为垫铁组和螺栓调整垫铁2种。其中垫铁组包括平垫铁、斜垫铁和开口垫铁等，如图3-6所示。螺栓调整垫铁分为可调垫铁和可调地脚2种，可调地脚的载重量相对较小，安装方法简单，应用较广；可调垫铁用于载重量较大的场合，顺时针旋转螺杆时，使可调垫铁上部的斜铁上升。由于可调垫铁采用2块斜块组合安装，所以在进行垫铁高度调整时，可始终保持其上安装表面的水平。

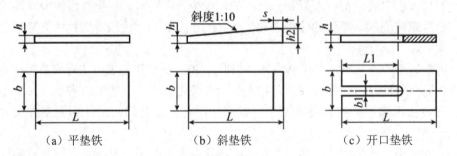

| （a）平垫铁 | （b）斜垫铁 | （c）开口垫铁 |

图3-6 垫铁组的垫铁类型

垫铁组的斜垫铁可采用普通碳素钢，平垫铁可采用普通碳素钢或铸铁。斜垫铁的斜度宜为1/10～1/20，振动或精密设备可取至1/40。其工作表面，即上下表面的粗糙度值为12.5。斜铁成对使用时，2个斜垫铁应选用同一斜度。

（1）调整垫铁的安装要求

机电设备重量主要由垫铁承受时，应符合以下相关要求：

①每个地脚螺栓的附近应设有1个垫铁。

②垫铁应能放置稳定，并且不影响灌浆，尽量靠近地脚螺栓和底座承受力部位下方。

③相邻两垫铁间距离，宜为500～1000 mm。

④设备接缝处的两侧，应各安装1组垫铁。

⑤垫铁伸入设备底座的长度应超过设备地脚螺栓的中心。

⑥每一垫铁的承力指标，应计算得出或查相关的手册和产品样本。

（2）垫铁组的安装要求

①应尽量成对使用斜垫铁，尤其承载较大时更应注意。

②承受重载荷或长期振动载荷时，宜采用平垫铁，尽量不用斜垫铁。

③每一垫铁组的垫铁数量应尽量少，最多不宜超过5块。

④放置平垫铁时，厚的宜放在下面，薄的放中间，垫铁厚度不宜小于2 mm。

⑤除铸铁垫铁外，各垫铁相互间应焊牢。

⑥设备调平后，垫铁端面应超出设备底面的外缘，平垫铁露出10～30 mm，斜垫铁露出10～50 mm。

（3）可调地脚的安装要求

可调地脚的外形如图3-7所示，其安装要求如下：

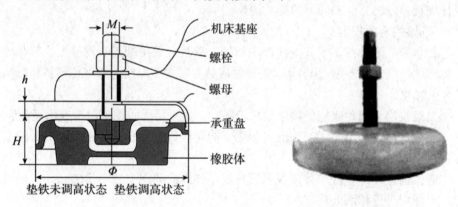

图3-7　可调地脚

①螺纹部分应涂耐水性较好的润滑脂。

②精确调平时，应保证螺母始终处于松开状态，使用扳手顺时针旋转位于螺栓上部的方轴，使承重盘托起设备底座，向上升高设备，调整完成后应及时旋紧螺母防松。应注意：不同结构的可调地脚调整方法也不相同。

③由于可调地脚的种类不同，其底座的固定形式也不唯一，图示为不需进行固定安装的地脚，一般用于设备重量较大，或设备振动、少量移动不影响设备正常工

作的场合。当使用需固定的地脚时，可通过地脚底盘上的地脚螺栓安装孔（图示无此孔）进行地脚螺栓的安装，从而固定地脚及设备的位置。应注意该安装孔应位于设备外侧，以便于安装和拆卸。

（4）可调垫铁的安装要求

可调垫铁的外形如图3-8所示，其安装要求如下：

①螺纹部分和相对滑动表面上应涂耐水性较好的润滑脂。

②精确调平时，应顺时针旋转调整螺钉，使调整楔块缓慢上升。如已调整过高，则需大量降低楔块高度，重新使调整楔块缓慢上升，完成高度调整。设备高度及水平调整完成后，应保证一定的再次可调的余量。

③垫铁底座的固定可采用地脚螺栓连接的方式，此垫铁底座上设有地脚螺栓安装孔。如垫铁为其他结构形式，也可采用混凝土固定方法，但应保证混凝土接触活动部位。

三、一次灌浆和二次灌浆

设备基础的灌浆是指在机电设备底座与基础之间或预留地脚螺栓孔中注入混凝土或水泥沙浆，干燥并达到高强度后，起到固定连接作用的工作过程。设备基础的灌浆按先后次序分为一次灌浆和二次灌浆2种。混凝土的配制、性能和养护应符合国家现行标准《混凝土外加剂应用技术规范》（GB50119—2003）和《普通混凝土配合比设计规程》（JGJ55—2000）的有关规定。

1. 灌浆的相关规定

①在预留孔灌浆前，灌浆处应清洗洁净。灌浆宜采用细碎石混凝土，其强度应比基础或地坪的混凝土强度高1级。灌浆时应捣实，并不应使地脚螺栓倾斜和影响设备的安装精度。

②当灌浆层与设备底座面接触要求较高时，宜采用无收缩混凝土或水泥砂浆。

③灌浆层厚度应不小于25 mm，但用于固定垫铁或防止油、水进入的灌浆层，其厚度可相应减小。

④灌浆前应设外模板。外模板至设备底座外缘的间距不宜小于60 mm，模板拆除后，表面应进行抹面处理。

⑤当设备底部不需全部灌浆，且灌浆层需要承受负荷时，应设置内模板。

2. 一次灌浆

设备在使用现场安装前，需进行基础的一次灌浆，即设备安装前地基的灌浆，此次灌浆后的地基留有一些地脚安装孔，用于放置设备的地脚螺栓。在一次灌浆后要进行设备的初平。初平是指设备在就位、找正后，不需要再进行水平移动的第一次找平，即初步找平。初平的目的是将设备的水平度大体上调整到接近要求的程度，为下一步二次灌浆后的精确找平（精平）做准备。

设备初平后，之所以还必须再进行1次精平，其主要原因有以下2点：

①初平时地脚螺栓的预留孔尚未灌浆，找正之后还不能固定。

②初平时设备未经过清洗，放水平仪的设备加工面上也只是局部擦洗了一下，不能进行全面的检查和调整，所测结果不够精确，初平的精度一般不易达到规定的安装水平要求。所以，二次灌浆后还必须再进行一次精平。

设备初平前，应串好地脚螺栓，垫上垫圈，套上螺母，放好垫铁。垫铁的中心线要垂直于设备底座的边缘，垫铁外露的长度要符合要求。垫铁放好后还要检查有无松动，如有松动应换上一块较厚的平垫铁。此外，由于初平是调整设备的水平度，一般使用水平仪作为测量工具，所以还必须对设备的被测表面进行局部擦洗，以便于放置水平仪。

对设备进行找平，首先必须找好被测基准。一般要求被测表面应当是经过精加工的，最能体现设备安装水平、又便于进行测量的部位。被测表面主要包括下列一些表面：

①设备底座的上平面。如摇臂钻床底座的工作面。

②设备的工作台面。如立式车床、立式钻床、铣床、刨床、插齿机、滚齿机、螺纹磨床的工作台面。

③设备的导轨面。如普通车床床身的导轨面。

④夹具或工件的支承面。如组合机床上夹具或工件的定位基准面。

初平是根据设备精加工的水平表面，用水平仪测量设备的水平情况，通过调整垫铁进行水平调整的过程。如果设备水平度相差太大，可将低一侧的平垫铁换为较厚的平垫铁。若是可调垫铁，可在垫铁底部加一块钢板。如果水平度相差不大，可用打入斜垫铁的方法逐步找平。打入较低一侧的斜垫铁，直至接近要求的水平度为止。

在初平时，如果某一块斜垫铁打进去太多，外露长度太短时，应当换掉。因为在精平时，为了进一步调整水平，仍要用打入垫铁的方法。而如果初平时，斜垫铁打入太多，精平时留量不够，就无法再进行调整了。

此外，由于水平仪是精密量具，初平打垫铁时，一定要取下水平仪，以免震坏。

3．二次灌浆

1）设备精平

设备的精平就是在设备初平的基础上，对设备的水平度做进一步的调整，使之完全达到合格的程度。设备精平通常是在二次灌浆之后进行的。

一般情况下，设备总是要求调整成水平状态，也就是说，设备上的主要平面要与水平面平行。如果设备的水平度不符合要求，机床的基础将会产生较大的变形，进而导致与之配合或连接的零部件倾斜或变形，使设备的运动精度、加工精度降低，零部件磨损加快，使用寿命缩短。由于设备精平的好坏最终将影响着设备的使用质量，所以在安装工作中具有极其重要的作用。

设备精平的方法和初平时基本相同，但调整工作更为细致，测量点更多，精度要求更高。下面以金属切削机床为例说明精平的方法。

①卧式车床和卧式镗床的精平：这两种机床都具有一个较长的导轨和较短的工作台（或溜板）。精平时，可将水平仪放置在床身导轨上，在导轨两端（或多个位置上）进行纵、横方向安装水平度的调整测量，同时还要检验工作台（或溜板）的运动精度。也可直接将水平仪放在工作台（或溜板）上，在床身导轨的不同位置上测量其水平度。在进行上述调整时，应注意工作台（或溜板）移动对主轴回转中心线平行度的要求，也必须符合精度标准的规定。

②立式车床的精平：立式车床是具有圆形工作台的机床。在精平时，可在工作台面上跨越工作台中心放置一个铸铁平尺，铸铁平尺用等高垫铁支承（等高垫铁的跨距不应小于工作台半径），在铸铁平尺上放水平仪，分别测量纵、横向水平。然后工作台回转180°，再测量1次。误差分别以2次测量结果的代数和的1/2作为安装水平度误差。测量时，还应对立柱与工作台面的垂直度进行检验与调整。

③龙门刨床、龙门铣床、导轨磨床的精平：这几种机床都有很长的床身导轨。精平时，可将水平仪直接放在床身导轨上，在导轨两端（或在几个位置上）检验和调整机床的水平度。也可在床身导轨连接立柱处放水平仪进行检验和调整。无论使用哪种方法，在调整纵、横向安装水平度的同时，都要相应检验和调整床身导轨相关的其他精度。

2）二次灌浆的定义和作用

（1）二次灌浆的定义。基础浇灌时预先留出了安装地脚螺栓的孔（即预留孔），在设备安装时将地脚螺栓放入孔内，再灌入混凝土或水泥砂浆，使地脚螺栓固定，这种方法称为二次灌浆。

（2）二次灌浆的作用。二次灌浆的作用之一是固定垫铁（可调垫铁的活动部分不能浇固），另一作用是可传递部分设备负荷到基础上。二次灌浆层主要起防止垫板松动的作用，可使设备在精平调整后的工作性能和精度更加稳定。设备在进行检测调整合格后，应尽快进行二次灌浆，二次灌浆的混凝土与基础一样，只不过石子的大小应视二次灌浆层的厚度不同而适当选取。为了使二次灌浆层充满底座下面高度不大的空间，通常选用的石子都要比基础的小。

（3）灌浆的操作要点。每台设备安装完毕，应按照安装技术标准严格检查，并经有关部门审查合格后，方可进行灌浆。在灌浆时应将设备底座与基础表面的空隙及地脚螺栓孔用混凝土或砂浆灌满。

①灌浆前，要把灌浆处用水冲洗干净，以保证新浇混凝土（或砂浆）与原混凝土牢固结合。

②灌浆一般采用细石混凝土（或水泥砂浆），其标号至少应比基础混凝土标号高一级，并且不低于150号。石子可根据缝隙大小选用5～15 mm的粒径，水泥宜选用400号或500号。

③灌浆时，应放1圈外模板，其边缘到设备底座边缘的距离一般不小于60 mm。如果设备底座下的整个面积不必全部灌浆，而且灌浆层需承受设备负荷时，还要放

内模板，以保证灌浆层的质量。内模板到设备底座外缘的距离应大于100mm，同时也不能小于底座底面边宽。灌浆层的高度，在底座外面应高于底座的底面。灌浆层的上表面应略有坡度（坡度向外），以防油、水流入设备底座。

④灌浆工作要连续进行，不能中断，要1次灌完。混凝土或砂浆要分层捣实。捣实时，不能集中在一处捣，要保持地脚螺栓和安装平面垂直。否则不仅会造成安装困难，而且也将影响设备精度。

⑤灌浆后要洒水养护，养护时间不少于1周。洒水次数以能保持混凝土具有足够的湿润状态为度。待混凝土养护达到其强度的70%以上时，才允许拧紧地脚螺栓。混凝土达到其强度的70%所需的时间与气温有关，可参考表3-6。表中是指500号普通水泥拌制的混凝土。

表3-6　混凝土达到70%强度所需的天数

气温/℃	5	10	15	20	25	30
需要天数	21	14	11	9	8	6

（4）灌浆注意事项如下：

①设备找正、初平后必须及时灌浆，若超过48h，就应该重新检查该设备的标高、中心和水平度。

②灌浆层厚度应不小于25 mm，这样才能起固定垫铁或防止油、水进入等作用。

③一般二次灌浆的高度：最低要将垫铁灌没，最高不得超过地脚螺栓的螺母。

④如果使用的是固定式地脚螺栓，在二次灌浆时一定要在螺栓护套内灌满浆。如果是活动式地脚螺栓，在二次灌浆时，则不能把灰浆灌到螺栓套筒内。

⑤灌浆层与设备底座底面接触要求较高时，应尽量采用膨胀水泥拌制的混凝土（或水泥砂浆）。

⑥放置模板时要特别小心，以免碰动设备。

⑦为使垫铁与设备底座底面、灌浆层接触良好，可采用压浆法施工。

⑧浇灌过程中应注意不要碰动垫板和设备。

四、使用现场的安装环境要求

数控机床的安装环境要求一般指地基、环境温度和湿度、电网、防止干扰和地线等。

①地基要求。数控机床的基础应在机床安装之前做好，并且需要经过一段时间的养护，否则无法调整机床精度，即使调整后也无法保持精度的稳定性（如前所述）。

②环境温度要求。精密的数控机床有恒温要求，并应避免阳光直接照射，室内应配有良好的灯光照明。工作环境温度应在0~35℃之间，对于精密机床，温度充许变化范围更小，多取国际标准温度20℃左右。为了提高加工零件的精度，减小机床

的热变形，在条件允许时，应将数控机床安装在相对密闭的、加装空调设备的厂房内。

③湿度要求。机床的安装位置应保持空气流通和干燥，潮湿的环境会使印刷电路板和元器件锈蚀，使机床电气故障增加。工作环境相对湿度应小于75%，数控机床应安装在远离液体飞溅的场所，并防止厂房滴漏。

④电网要求。数控机床对电源供电的要求较高，电网波动较大会引起多发事故，电网质量不高时，需要安装稳压器。电源多采用三相四线制，50 Hz频率，电源容量应满足设备的功率要求。

⑤防止干扰要求。为了安全和抗干扰，数控机床必须要接地线，远离振动源和电磁干扰源。

⑥地线要求。地线一般采用一点接地方式，地线电缆的截面积一般为5.5～14 mm^2。接地线有最小电阻的要求，以保证接地的可靠性，按相关标准最小接地电阻值应在4～7 Ω之间，很多设备要求其小于5 Ω。

⑦气源要求。气源压强一般应在0.7 MPa以上，并应控制压缩空气的含水量。

⑧临时建筑、运输道路、水源、电源、压缩空气和照明等，应能满足机电设备安装工程的需要，并应依据安装地基图进行布置。

⑨机床不能安装在有粉尘的车间里，应避免酸腐蚀气体的侵蚀。

⑩在安装过程中，宜避免与建筑或其他作业交叉进行。

⑪在设备安装前，拟利用建筑结构作为起吊、搬运设备的承力点，应对建筑结构的承载能力进行核算，并应经设计单位或建设单位同意方可利用。

⑫应有防尘、防雨、排污及必要的消防措施。

⑬应符合卫生和环境保护的要求。

第二节　机电设备的现场安装步骤

一、安装方案的确定

对大型、较复杂的机电设备的安装，施工前应编制安装工程的施工组织设计或施工方案。机电设备的安装方案一般由生产厂家制定，规定整个现场安装时的安装步骤、注意事项等内容。完整详实的安装方案和工艺措施是保证机电设备性能的前提条件。

尽管各种机电设备的结构、性能不同，但其安装过程基本上是一样的，一般都必须经过以下过程，即基础的验收，安装前周密的物质和技术准备，设备的吊装、检测和调整，基础的二次灌浆及养护，试运转，然后才能投入生产。所不同的是，在这些工序中，对各种不同的机电设备将采用不同的方法。例如在安装过程中，对大型设备采用分体安装法，而对小型设备则采取整体安装法。

二、技术和物质准备

1．成立组织机构和技术准备

（1）成立组织机构

在进行机电设备的安装之前，应结合现场情况，根据具体条件成立现场施工组织机构。例如，在施工的管理上，成立联合办公室、质量检查组，设有工地代表（主管）等。

在安装工作中，成立材料组、吊运组、安装组等，使安装工作有计划、有步骤地进行，分工明确，紧密协作。

在机电设备安装过程中，根据施工作业内容不同，需要各工种协同作业，如电焊工、起重工、操作工、钳工、电工、油漆工、驾驶员及其他专业工作人员等。

（2）技术的准备

①准备好所用的技术资料，如施工图、设备图、说明书、工艺卡和操作规程等。

②熟悉技术资料，领会设计意图，若发现图样中的错误和不合理之处，应及时提出并加以解决。

③了解设备的结构、特点和与其他设备之间的关系，确定安装步骤和操作方法。

2．工具和材料的准备

（1）工具的准备

根据图样和设备的安装要求，便可知道需要哪些特殊工具及其精度和规格。一般工具，如扳手、锉刀、手锤等的所需数量、品种和规格。确定需要哪些起重运输工具、检验和测量工具等。不但要准备好工具，还要认真地进行检查，以免在安装过程中工具不能使用或发生安全事故。

（2）材料的准备

安装时所用的材料（如垫铁、棉纱、布头、煤油、润滑油等）也要事先准备好。对于材料的计划与使用，应当是既要保证安装质量与进度，又要考虑降低成本，不能有浪费现象。

三、合理组织安装过程

1．开箱

机电设备在出厂前，一般要放入包装箱内进行包装，并采取必要的防潮措施。当设备运至安装地点后，应由监理组织、建设单位、施工单位、设备供货单位等有关人员参加开箱过程，并作必要记录。

（1）必要的检查工作如下：

①箱号、箱数和包装情况。如包装破损严重，应及时与生产厂家联系，并判断是否对设备造成了损坏。

②机电设备名称、型号和规格。

③随机技术文件及专用工具。

技术文件包括：随箱带的装箱单，以便于拆箱时对箱内物品进行核查。涉及安全、卫生、环保的设备（如压力容器、消防设备、生活供水设备等）应提供相应资质等级的检测单位的检测报告。使用新材料、新产品，应由具有鉴定资格的单位或部门出具鉴定证书。使用前按产品质量标准和试验要求进行试验或检验。还应提供安装质量、维修、使用和工艺标准等相关技术文件。进口材料和设备应有商检证明。

专用工具包括：为方便设备安装、调整及检测等所随机带的安装、测量及检测工具等，其中可包括企业根据需要特制的专用工具。

④设备状况。机电设备有无缺损件，表面有无损坏和锈蚀。设备外观应完整，无掉漆现象。标牌清晰，应注明厂址、出厂日期等内容。

（2）在开箱时应注意使用合适的工具（如起钉器、撬杠或扳手等），不要用力过猛，以免碰坏箱内的设备。

（3）拆下的箱板、毡纸、箱钉等应立即移开，并予以妥善保管，以免板上的铁钉划伤人或设备。对于装小零件的箱，可只拆去箱盖，等零件清点完毕后，仍将零件放回箱内，以便于保管。对于较大的箱，可将箱盖和箱侧壁拆去，设备仍置于箱底上，这样可防止设备受震并起保护作用。

2. 清点

设备在安装前，设备的提供方和使用方应一起进行设备的清点和检查。清点后应做好记录，并且双方人员要签字确认。设备的清查工作主要有以下几项：

①设备表面及包装情况。

②设备装箱单、出厂检验单等技术文件。

③根据装箱单清点全部零件及附件。若无装箱单，应按技术文件进行清点。

④各零件和部件有无缺陷、损坏、变形或锈蚀等现象。

⑤机件各部分尺寸是否与图样要求相符，如地脚螺栓孔的大小和距离等。

3. 保管

设备清点后，应交由安装部门保管。保管时应注意以下几点：

①设备开箱后，应注意保管、防护，不要乱放，以免造成损伤。

②装在箱内的易碎物品和易丢失的小机件、小零件，在开箱检查的同时要取出来，编号并妥善保管，以免混淆或丢失。

③如堆放在一起时，应把后安装的零部件放在里面或下面，先安装的放在外面或上面，以便在安装时能按顺序拿取，不损坏机件。

④如果设备不能很快安装，应把所有精加工表面重新涂油，采取保护措施。

4. 机电设备安装过程

1) 设备安装基础放线

在机电设备就位前，采用几何放线法，按施工图和相关建筑物的轴线，一般先是确定中心点，然后划出平面位置的纵、横向基准线，基准线的允许偏差应符合规定要求，此过程称为基础放线或放线。

平面位置放线时，应符合下列要求：

（1）机电设备就位前，应按施工图和相关建筑物的轴线、边缘线、标高线，划定安装的基准线，即机电设备安装的平面位置纵、横向和标高线基准线。应注意以下几点：

①较长的基础线可以用经纬仪或吊线的方法确定中心点，然后划出平面位置基准线（纵、横向基准线）。基准线被周围的设备覆盖，在就位后必须复查的应事先引出基准线，并做好标记。

②根据建筑物或者划定的安装基准线测定标高，将水准仪转移到设备基础的适当位置上，并划定标高基准点，根据基准线或者基准点检查设备基础的标高及预留孔或预埋件的位置是否符合设计和相关规范要求。

③若联动设备的轴心较长，放线时有误差时，可架设钢丝替代设备中心基准线。

④必要时应按设备的具体要求，埋设临时或永久的中心标板或基准放线点。

⑤埋设标板应符合下列要求：

第一，标板中心应尽量与中心线一致。

第二，标板顶端应外露4～6 mm，切勿凹入。

第三，中心标板或基准点的埋设应正确和牢固，埋设要用高强度水泥砂浆，最好把标板焊接在基础的钢筋上。

第四，待基础养护期满后，在标板上定出中心线，打上样冲孔（小锥孔），并在冲眼周围划一圈红漆作为明显的标志。

最后，标板材料宜选用铜材或不锈钢。

（2）相互有连接、衔接或排列关系的机电设备，应划分共同的安装基准线，并应按设备的具体要求埋设中心标板和基准点。

（3）平面位置安装基准线与基础实际轴线或与厂房墙、柱的实际轴线、边缘线的距离允许偏差±20 mm。

（4）机电设备定位基准的面、线或点与安装基准线的平面和标高的允许偏差见表3-7。

表3-7　机电设备定位基准的面、线或点与安装基准线的平面和标高的允许偏差

项目	允许偏差/mm	
	平面位置	标高
与其他机电设备无机械联系时	±10	+20、－10
与其他机电设备有机械联系时	±2	±1

（5）在无规定条件下，机电设备找正、调平的测量位置，宜选择设备主要工作面、支承滑动部件的导向面、轴的外露表面、精度较高表面，并尽量选用水平或垂直的主要轮廓面。连续输送设备和金属结构宜选在主要部件的基准面部位，相邻两测点间距离不宜大于6 m。

（6）机电设备找正、调平的定位基准的面、线或点确定后，其找正、调平应在确定的测量位置上进行检验，且应做好标记，复检时应选在原来的测量位置。

（7）机电设备安装精度的偏差，应能补偿由于受力或温度、磨损等引起的偏差，不增加功率损耗，使运动平稳和有利于提高工件的加工精度。

另外，如果机床是安装在混凝土地坪上且须埋设地脚螺栓，则应在放线后画出地脚螺栓孔中心线，按设计要求在地坪上预先凿好地脚螺栓孔，以便安装设备时放置地脚螺栓。

2）机电设备的就位

设备就位就是将设备搬运或吊装到已经确定的基础位置上。常用的就位方法有以下几种：

①在车间内安装的桥式起重机是较理想的首选吊装工具，桥式起重机配吊装钩，在使用时需先将起吊绳的一端索挂在设备上的起重螺栓上，或套在设备的包装箱外围及底座上，另一端挂在桥式起重机的吊钩上。在吊装前要注意包装箱上标示的设备重量和重心标识，挂吊钩时不应使起吊角度过大，并应使吊钩位于设备重心的垂直延长线上，以免钢丝承受过大的重力分力或造成设备在吊运过程中的偏斜。正确的吊装方法如图3-8（a）所示，应避免如图3-9（b）的错误吊装方法。

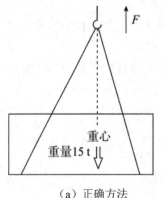
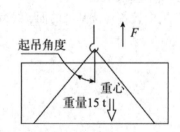

（a）正确方法　　　　　　　　（b）错误方法

图3-8　桥式起重机的吊装方法

②利用自行式插车将设备从包装箱底座上插起，放到规定的基础位置。

③用人字架就位。先将设备运到安装基础上，然后用人字架挂上手动葫芦将设备吊起来，抽去包装箱底座，再将设备落到基础上就位。这种就位方法比较麻烦，费工多。

④在起吊工具和施工现场受到限制的情况下，也可采用滚移的方法就位。这种方法就是在设备底部垫上若干钢棍，利用撬杠将设备移到所在的基础位置并调整方向。

无论采用何种方法进行设备就位，在设备就位的同时，均应垫好垫铁，将设备底座孔套入预埋的地脚螺栓；或者将供二次灌浆用的地脚螺栓放入预留孔，并穿入底座孔，拧上螺母，以防螺栓落到预留孔底。

3）机电设备的找正

机电设备的找正就是将设备安放在规定的位置上，安装位置和安装角度要正确，使设备的纵、横中心线和基础的中心线对正。设备找正包括3个方面：找正设备中心、找正设备标高和找正设备水平度。

（1）找正设备中心。找正设备中心按以下步骤进行：

①挂中心线：设备在基础上就位后，就可以根据中心标板上的中心线点挂设中心线。中心线是用来确定设备纵、横水平方向的方位，从而确定设备的正确位置的。挂中心线可采用线架，大设备使用固定线架，小设备使用活动线架。

②找设备中心：每台设备必须找出中心，才能确定设备的正确位置。找设备中心的方法如下：

首先，根据加工的圆孔找中心。如图3-9所示为辊式校正机找中心的方法，它是根据2个已加工的圆孔，在孔内钉上木头和铁片来找正设备中心的，图中尺寸a为两圆孔中心与设备中心的距离。

其次，根据轴的端面找中心。有些设备轴很短，只有轴的端面露在外面，此时可在轴头端面的中心孔内塞上铅皮，然后用圆规在铅皮上找出中心，如图3-10所示。

最后，根据侧加工面找中心。一般减速机，可根据两侧的加工面对称分出中心线，找正设备，如图3-11所示，b为侧加工面至设备中心的距离。

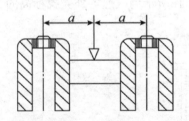  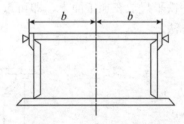

图3-9 辊式校正机找中心　图3-10 根据轴的端面找中心 图3-11 根据侧加工面找中心

③设备拨正。挂好中心线，找出设备中心后，就可知道设备是否位于正确的位

置。如果位置不正确，可用以下方法将设备拨正：

第一，一般小型机座可用锤子打，也可用撬杠撬（如图3-12所示）。用锤子打时要轻，不要损坏设备。

第二，较重的设备可在基础上放上垫铁，打入斜铁，使之移动，如图3-13所示。

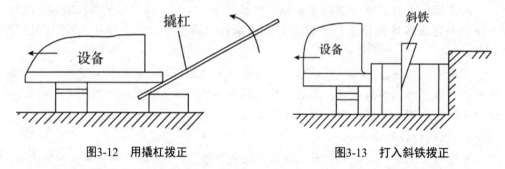

图3-12　用撬杠拨正　　　　　　　　图3-13　打入斜铁拨正

第三，利用油压千斤顶拨正，如图3-14所示。在油压千斤顶的两端要加上垫铁或木块，以免碰伤设备表面或基面。

最后，有些设备可用拨正器来拨正，如图3-15所示。此方式省力又省时，移动量可以很小，而且准确，可替代油压千斤顶。

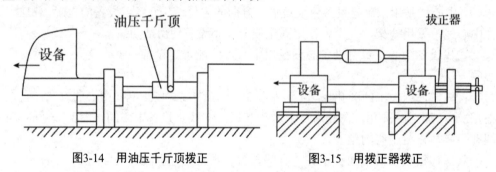

图3-14　用油压千斤顶拨正　　　　　图3-15　用拨正器拨正

（2）找正设备标高。机电设备安装在厂房内，其相互间各自应有的高度就是设备的标高。找正设备标高的方法如下：

①按加工面找标高。设备上的加工表面可直接作为找标高用的平面，把水平仪、铸铁平尺放在加工面上，即可量出设备的标高。图3-16所示为减速器外壳找标高的方法。

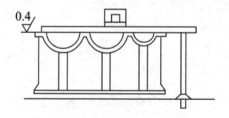

图3-16　减速器外壳找标高

②根据斜面找标高，如图3-17所示。有些减速器的盖面是倾斜的，虽然盖和机体的接触面是加工面，但是不能用作找标高的基面，此时可利用2个轴承的外圈表面找标高。

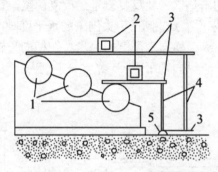

1为轴承外圈；2为框式水平仪；3为铸铁平尺；4为量棍；5为基准点

图3-17　根据斜面找标高

利用水准仪找标高。这种方法的使用，必须考虑在设备上能放标尺，并且设备和其附近的建筑物不妨碍测量视线和有足够放置测量仪器的地方。

找标高时，对于连续生产的联动机组要尽量少用基准点，而多利用机械加工面间的相互高度关系。多设备安装时，要注意每台设备标高偏差的控制。当拧紧地脚螺栓前，标高用垫铁垫起出入不大时，可以根据设备重量，估计拧紧地脚螺栓后高度下降多少，一般是先使高度高出设计标高1 mm左右，这样拧紧地脚螺栓后，高度将会接近要求。在调整设备标高的同时，应兼顾设备的水平度，二者必须同时进行调整。

（3）找正设备水平度。找正设备水平度就是将设备调整到水平状态。也就是说，把设备上主要的表面调整到与水平面平行。正确选择找正设备水平度基准面的方法如下：

①以加工平面为基准面，这是最常用的基准面。

纵横方位找平和找标高都可以此为基准，如图3-18所示，以加工平面为基准面找正减速器底座水平度。

②以加工的立面为基准面。有些设备只找正水平面的水平度是不够的，立面的垂直度也要找正，此时以加工的立面为基准面。如乳钢机中人字齿轮箱的立面是主要加工面，就是利用立面来找正设备水平度的，如图3-19所示。

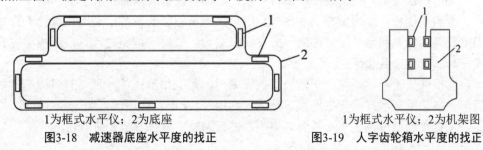

1为框式水平仪；2为底座

图3-18　减速器底座水平度的找正

1为框式水平仪；2为机架图

图3-19　人字齿轮箱水平度的找正

③下面以卧式车床和牛头刨床为例，说明找正设备水平度的方法。

卧式车床水平度的找正方法。找正卧式车床的水平度时，可将水平仪按纵、横方向放置在溜板上，如图3-20所示。在车床的两端测量纵、横方向的水平度。测出哪一面低，就打哪一面的斜垫铁。要反复测量，反复调整，直至合格为止。

牛头刨床水平度的找正方法。找正牛头刨床的水平度时，可将水平仪放在如图3-21所示的位置上，进行纵、横向水平度的测量。在横向导轨的两端测量横向水平度，在床身垂直导轨上检查纵向水平度。

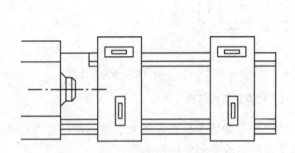

图3-20　卧式车床水平度的找正方法　　　图3-21　牛头刨床水平度的找正方法

④找正设备的水平度时应注意以下几点：

第一，在有斜度的面上测量水平时，可采用角度水平器或者制作样板。

第二，在两个高度不同的加工面上用铸铁平尺测量水平度时，可在底面上加量块或制作精密垫块。

第三，在小的测量面上可直接用框式水平仪检查，大的测量面先放上铸铁平尺，然后用框式水平仪检查。

第四，铸铁平尺与测量表面之间应擦干净，并用塞尺检查，应接触良好。

第五，框式水平仪在使用时应正、反各测1次，以纠正框式水平仪本身的误差。

第六，天气寒冷时，应防止灯泡接近或人的呼吸等热源影响测量精度。

最后，找正设备的水平度所用的框式水平仪和铸铁平尺等，必须经常检验和校正。

（4）调整设备标高和水平度的方法如下：

①用楔铁调整。使用楔铁将设备升起，以调整设备的标高和水平度。

②用小螺栓千斤顶调整，如图3-22所示。重量较小的设备，采用小螺栓千斤顶调整设备的标高和水平度最准确、方便，且省力、省时。调整时，只需用扳手提升螺杆，即可使设备起落。

③用油压千斤顶调整。起落较重的设备时，可利用油压千斤顶。有时因基础妨碍，不能把千斤顶直接放在机座下时，可利用一块Z形弯板顶起，如图3-23所示。

④直接利用设备底部安装的调整垫铁进行调整，调整方法如前所述。

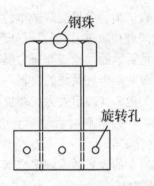

图3-22　用小螺栓千斤顶调整

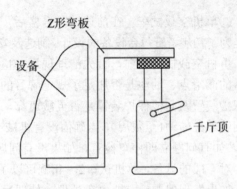

图3-23　用油压千斤顶调整

4）机电设备调整和检验

在机电设备找正后，即可进行设备的精度调整和功能调整，并对其性能指标进行检验。

5）试运转

试运转是机电设备安装工作的最后一道工序，也是对安装施工质量的综合检验。安装施工质量优良的甚至可以做到一次试车成功。但是，多数情况下，在试车中都会发现一些问题。在试车过程中，设备本身由于设计、制造形成的缺陷，由于工艺及基础设计不当和安装质量不良等原因造成的故障，大部分都会暴露出来。因而要根据暴露出来的问题准确地找出原因，常常是困难的，需要进行非常仔细的观查与分析。

（1）试运转的准备工作。试车过程中，可能由于设备或设计、施工的隐患，或者组织指挥不当，操作人员违章作业等原因而造成重大设备事故或人身事故。所以，试运转前必须做好充分的准备，预防事故的发生。试运转前的准备工作包括以下3个方面：

①熟悉设备及其附属系统的说明书和技术文件，了解设备的构造和性能，掌握操作程序、操作方法和安全操作规程。

②编制试运转方案。方案应包括人员、试车程序和要求，试车指挥及现场联络信号，检查和记录的项目，操作规程，安全措施和万一发生事故时的应变措施等。

③做好水电及试车所需物资的准备。

（2）试运转的步骤。试运转的步骤应符合先试辅助系统后试主机，先试单机后联动试车，先空载试车后带负荷试车的原则。其具体步骤为：

①辅助系统试运转。辅助系统包括机组或单机的润滑系统、水冷风冷系统。只有在辅助系统试运转正常的条件下才允许对主机或机组进行试运转。辅助系统试运转时，也必须先空载试车后带负荷试车。

②单机及机组动力设备空载试运转。单机或机组的电动机必须首先单独进行空试。液压传动设备的液压系统的空载试车，必须先对管路系统试压合格后，才能进行空载试车。

③单机空载试车。在前述试车合格后，进行单机空载试车。单机空载试车的目的是为了初步考查每台设备的设计、制造及安装质量有无问题和隐患，以便及时处理。

单机空载试运转前，首先清理现场，检查地脚螺栓是否紧固，检查非压力循环润滑的润滑点、油池是否加足了规定牌号的润滑油或润滑脂，电气系统的仪表、过荷保护装置及其他保护装置是否灵敏可靠。接着进行人工盘车（即用人力扳动机械的回转部分转动1至数周），当确信没有机械卡阻和异常响声后，先瞬时启动一下（点动），如有问题立即停车检查，如果没有问题就可进行空载试车。

对一般的设备，单机试车2～4h就可以了，对大型和复杂的设备通常规定空试车8h。如果发现问题应立即停车处理，处理后仍须进行单机空试。

单机空试合格后，就可进行机组或整条作业线的联动空载试运转。联动空载试运转通常进行8～24h。

负荷联动试运转。在空载联动运转的基础上，进行负荷联动试运转。负荷联动试运转的原则是逐步加载。开始时进行1/4负荷联动试运转，然后逐步加载到半负荷试运转，再进行全负荷试运转。对于某些设备，为了检查其过载能力，还要进行超载试验。

负荷试运转通常要进行3d到1个星期的连续运转。通过负荷试运转，可以全面考核各台设备是否工作正常，能否达到设计的能力和规定的安装质量指标，各设备之间能否协调动作。负荷试运转也是对工艺设计的一次大检验，包括生产能力、产品和中间半成品的质量指标，各工艺环节的相互配合，设备选型是否正确等。所以负荷联动试车一般都由工艺和机械技术人员共同组成。

（6）试运转完毕后应做的工作

①切断机组的电源及动力来源。

②消除压力或负荷。

③检查设备各主要部件的连接、齿面及滑动摩擦副的接触情况。例如：检查人字齿轮单边接触情况。

④检查及整理试车记录、安装、检测的原始数据等。

5. 机电设备的安装验收

①在验收时应提供：竣工图或修改的施工图；设计修改文件；主要材料、机械加工零件和产品的出厂合格证；检验记录或试验资料；重要焊接工作的焊接质量评定书、检验记录、焊工考试合格证或复印件；隐蔽工程质量检查及验收记录；地脚螺栓、无垫铁安装和垫铁灌浆所用混凝土的配合比和强度试验记录；质量问题及其处理的有关文件和记录。并应提供出厂合格证等。

②由相关人员组成验收小组，对设备的安装基础、使用安全性等进行检查，并进行设备的精度检验、性能检验和功能检验。

③在机电设备的各项技术指标合格后，办理交工验收手续。

6．设备质保和维护

设备的质保期要求并不相同，根据不同情况可设定为1年或多年。在质保期内的设备损坏或不正常工作，设备供货厂家需及时进行现场维修和维护，以免影响正常生产。

在质保期内和在质保期过后，设备使用厂家应根据设备使用说明书和维修说明书进行设备的日常维护和保养，保证设备工作性能的稳定和使用寿命。

四、进行现场技术培训和提供必要的技术资料

1．现场技术培训

在完成现场的安装调试后，需对现场相关人员，如操作工、设备维修工等进行技术培训，以使其掌握必要的操作及维修技能，能完成机电设备的正确操作和日常维护。

2．提供必要的技术资料、备件及工具等

①需提供给使用现场的技术资料包括：设备使用说明书、设备安装说明书、设备维护维修说明书等。在相关资料中应包括设备的总装图、部装图及易损件图等。

②备件一般是由生产厂家提供的设备易损零件，如铜套轴瓦、模具冲头等。

③为了方便现场使用人员的操作和维护，有的生产厂家提供了常用的操作工具和必要的维修工具。

第三节 数控机床的使用现场安装调试

数控机床由于其结构和控制方式的不同，其现场安装调试方法具有一定的特殊性。数控机床安装调试的目的是使数控机床恢复和达到出厂时的各项性能指标，为了保证数控机床的加工精度和性能要求，应该注意安装环境和安装调试方法。

一、安装的环境要求

数控机床的安装环境要求一般指地基、环境温度和湿度、电网、地线和防止干扰等。对于精密数控机床和重型数控机床，需要牢固和稳定的机床基础，否则数控机床的精度调整将难以进行。

二、数控机床的安装

数控机床的安装包括基础施工、机床就位、连接组装和机床的通电试车。

1. 数控机床安装前准备工作

数控机床安装前的准备工作包括2方面：基础施工和机床的就位。使用单位在机床未到之前，需要按机床基础图做好机床基础，并应在安装地脚螺栓的位置做出预留孔。机床到达后在地基附近拆箱，仔细清点技术文件和装箱单，按照装箱单清点随机零部件和安装用工具。安装工作应按机床说明书中的规定进行，在地基上放置调整垫铁，用以调整机床水平度，把机床的基础件吊装就位在地基上，地脚螺栓按要求放入预留孔内。

2. 数控机床的连接组装

数控机床的连接组装是指将各分散的机床部件重新组装成整机的过程。机床连接组装前应先清除连接面、导轨和各运动面上的防锈涂料，清洗各部件外表面，再把清洗后的部件连接组装成整机。部件连接定位要使用随机带的定位销、定位块，使各部件恢复到拆卸前的位置与状态。

部件组装后要根据机床附带的电气接线图、液压接线图、气路图及连线标记把电缆、油管和气管正确连接，并检查连接部位有无松动和损坏，特别要注意接触的可靠性和密封性，防止异物进入气管和油管。电缆、气管和油管连接后要做好管线的就位固定工作。要检查系统柜内元件和接插件有无因运输造成的损坏，各接线端、连接线端、连接器和电路板有无松动，确保一切正常才能试车。

3. 机床通电试车

机床通电试车调整包括机床通电试运转和粗调机床的主要几何精度，其目的是考核机床安装是否稳固，各个传动、控制、润滑、液压和气动系统是否正常可靠。通电试车之前，按机床说明书要求给机床润滑油箱和润滑点灌注规定的油液和油脂，擦除各导轨及滑动面上的防锈涂料，涂上一层干净的润滑油。清洗液压油箱内腔油池和过滤器，灌入规定标号的液压油，接通气动系统的输入气源。

根据数控机床总电源容量选择从配电柜连接到机床电源开关的动力电缆，并选择合适的熔断器。检查供电电压波动范围，一般日本的数控系统要求电源波动在±10%以内，欧、美产的数控系统要求电源波动在±5%以内。要检查电源变压器和伺服变压器的绕组抽头连线是否正确，对于有电源相序要求的数控系统，如有错误应及时倒换相序。

机床接通电源后要采取各部件逐一供电试验,然后再进行总供电试验。首先CNC装置供电，供电前要检查CNC装置及监视器、MDI、机床操作面板、手摇脉冲发生器、电气柜的连线以及与伺服电机的反馈电缆连线是否可靠。在供电后要及时检查各环节的输入、输出信号是否正常，各电路板上的指示灯是否正常显示。为了安全，在通电的同时要做好按"急停"按钮的准备，以备随时切断电源。伺服电机的零位漂移自动补偿功能会使电机轴立即返回原位置，以后可以多次通、断电源，观察CNC装置和伺服驱动系统是否有零位自动补偿功能。

机床其他各部分依次供电。利用手动进给或手轮移动各坐标轴来检查各轴的运动情况，观察有无故障报警。如果有故障报警时，要按报警内容检查连接线是否有问题，检查位置环增益参数或反馈参数等设定是否正确，否则予以排除。随后再使手动低速进给或手轮功能低速移动各轴，检查超程限位是否有效，超程时系统是否报警。最后进行返回基准点的操作，检查有无返回基准点功能以及每次返回基准点的位置是否一致。

4．数控机床的精度调整

粗调床身水平度，调整机床的主要几何精度。调整组装后主要运动部件与主机的相对位置，如刀库、机械手与主机换刀位置校正、工作台自动交换装置（APC）的托盘站与机床工作台交换位置的找正等。

在以上工作完成后，用水泥灌注机床主体和各附件的地脚螺栓，把各地脚预留孔灌平，待水泥强度达到指标要求（一般为设计强度的75%），就可以进行机床精调工作。

三、数控机床的调试

数控机床的调试包括机床精度调整、机床功能测试和机床试运行。

1．机床的精度调整

机床精度调整主要包括精调机床床身的水平度和机床的几何精度。机床地基固化之后，利用地脚螺栓和垫铁精调机床床身的水平。移动床身上各移动部件，观察各坐标轴全行程内主机的水平情况，并且调整相应的机床几何精度，使之在允许的范围内。机床精度调整使用的检测工具主要有精密水平仪、标准方尺、平尺、平行光管、千分表等。

对于带刀库、机械手的加工中心，必须精确校验换刀位置和换刀动作。让机床自动运动到刀具交换位置，在调整中使用校对芯棒进行检测。调整完毕后紧固各调整螺栓及刀库地脚螺栓，然后装上几把规定重量的刀柄，进行从刀库到主轴的多次往复自动交换，以动作准确无误、不撞击、不掉刀为合格。

对于带APC交换工作台的机床，把工作台移动到可交换的位置上，调整托盘站与交换台面的相对位置，要求工作台的自动交换动作正确无误，然后紧固各相关螺栓。

2．机床的功能测试

机床的功能测试是指机床试车调整后，测试机床各项功能的过程。在机床功能测试之前，检查机床的数控系统参数和PLC的设定参数是否符合机床附带资料中规定的数据，然后试验各种主要的操作动作、安全装置、常用指令的执行，例如手动、点动、数据输入、自动运行方式、主轴挂挡指令、各级转速指令是否正确等。

3．机床的试运行

数控机床安装调试完毕后，要求整机在带一定负载的条件下自动运行一段时间，较全面地检查机床的功能及可靠性。运行时间参照行业标准，一般采用每天8h连续运行2～3d，或者每天24h运行1～2d。此过程称为安装后的试运行。

数控机床进行试运行，主要是通过程序控制进行的。此程序考机过程，可以采用机床生产厂家调试时使用的考机程序，也可自行编写考机程序。考机程序中应包括数控系统主要功能的使用，自动换刀库中2/3以上数量的刀具，主轴的最高（最低）及常用转速、快速和常用的进给速度，工作台面的自动交换，主要M指令的使用。试运行时，机床刀库的大部分刀架应装上接近规定质量的刀具，交换工作台应装上一定负荷。在试运行过程中，除了操作失误引起的故障外，不允许机床有其他故障出现，否则视为机床的安装调整有问题或机床质量不合格。

第四章 机电设备组装与调试的
注意事项

第一节 机械部分安装调试的注意事项

机电设备的安装调试质量直接影响机电设备的应用效果和平均无故障工作时间，较好的安装调试质量可减少设备在使用过程中的故障停机时间和维修成本。本章有关机电设备的机械零部件、液压系统、气动系统、数控系统安装调试的注意事项，以及设备的机电联调和安装环境注意问题，对从事机电设备的安装、调试与维修的技术人员有一定的参考价值。为了提高装配质量，并保证在一定的生产条件下，多、快、好、省地装配出合格的产品，就要研究机床的装配工艺过程、装配精度、达到装配精度的方法以及装配的结构工艺性等问题。

另外，机电设备的装配过程也是对设备设计和设备零件加工质量的综合检验，设计和加工中的问题通过装配会显露出来，从而可对机电设备在装配过程中存在的问题提出改进设计和工艺方案，进一步提高产品质量。

一、主轴箱安装调试的注意事项

1. 部件装配前对零件的质量要求

在部件装配前对零件进行认真清洗，一般可用干净的棉布、棉纱擦布清洗，除去油泥、污物、毛刺等。轴承不能用擦布，只可以清洗，对主轴上的轴承，在装配前应用90#以上汽油清洗，待放于清洁处自然晾干后方能装配，然后涂上少许清洁润滑油。细心检查零件的工作表面，不许有任何伤痕、硬点，如果发现应及时处理，不严重者可用刮刀、细油石除去硬点及伤痕，否则应及时更换。

2. 掌握主轴箱结构及主轴传动原理

装配图用来表达零件相互间的位置及传动关系，通过装配图就可以知道某零件在机构中的位置、重要性和零件之间的相互关系，这样才能更好地进行零件的装配，装配出合格的机构和整机。

机床主轴箱是一个比较复杂的传动部件，它的装配图包括展开图、各种向视图和剖面图。展开图是按照传动轴传递运动的先后顺序，沿其中各个传动轴的轴心线剖开，并将其展开而形成的图。在展开图中通常主要表示各传动件（轴、齿轮、带传动和离合器等）的传动关系、各传动轴及主轴上有关零件的结构形状、装配关系和尺寸，以及箱体有关部分的轴向尺寸和结构。

要表示清楚主轴箱部件的结构，仅有展开图还是不够的，因为它不能表示出各传动件的实际空间位置及其他机构（如操纵机构、润滑装置等）的结构，所以，装配图中还需要有必要的向视图及剖面图来补充说明。例如，对于车床来说，要掌握其主轴箱结构及其传动原理，就必须从下面几方面入手：

①认知图中的零件结构。

②认知图中各传动轴的装配结构。

③认知图中操纵机构的装配结构。其中，主轴变挡、变速的操纵原理是掌握的重点。

④认知图中主轴装配结构图。

⑤认知主轴箱传动系统图。

为便于了解和分析设备的机械运动和传动情况，通常要使用设备的传动系统图。传动系统图是表示设备全部运动关系的示意图。对于机床，主运动传动链的功用是把动力源（电动机）的运动传给主轴，机床的主轴应该能够实现变速和换向。

3. 分析图中各传动轴的装配结构和装配步骤

对以上各种零件和各种结构的认知，对于机床主轴箱的装配过程来说是很重要的。装配一个结构复杂的主轴箱，应从何处先装，采取什么样的方法，如何将复杂的装配图进行分解，使其简单化，这些都需要有较好的识图能力。通过装配图可以分析哪些结构可以先进行分装，形成一个组件，哪些结构可以先进行分装，形成一个结构单元；然后再将这些组件或结构单元进行组合装入箱体中。在装配中一般采用分解法进行装配，就是将图中的某个复杂结构进行分解，先将零件装配成一个个小组件，然后再组成一个结构单元，最后将这些结构单元装入箱体中。采取这种方法能提高装配效率，提高零件的装配精度。

4. 采用分解法将各图中的结构进行分解并装配

按照动力传递顺序进行分解装配，对于机床可参考以下分解结构：

①带轮轴的装配。带轮轴是通过传动带接收电动机动力的第一根轴，首先分清带轮轴结构及其装配关系。

②传动轴的装配。主轴箱中的传动轴是带轮轴与机床主轴之间的动力传递轴，并起到主轴有级变速的作用。

③有级变速、变挡机构的装配。

④主轴转速变挡操纵结构的装配。

二、滚珠丝杠螺母副安装调试的注意事项

滚珠丝杠螺母副的各零件在装配前必须进行退磁处理，否则在使用时容易吸附微小的铁屑等杂物，会使丝杠副卡阻、不动，甚至损坏。经退磁的滚珠丝杠副各零件需要做清洗处理，清洗时要将各个部位彻底清洗干净，如退刀槽、螺纹底沟等。

滚珠丝杠螺母副安装应注意以下几方面：

①预紧力和轴向间隙的调整。滚珠丝杠螺母副一般仅用于承受轴向负荷。径向力、弯矩会使滚珠丝杠副产生附加表面接触应力等不良负荷，从而可能造成丝杠的永久性损坏，装配时关键的一项任务就是预紧力的调整和轴向间隙的调整。

预紧力一般要大于最大轴向力的1/3。但预紧力过大时，摩擦力会增大，发热过多，导致寿命和精度的下降。一般来说，预紧力最大不能超过额定动载荷的10%。对于双螺母垫片预紧滚珠丝杠副来说，首先要调整单个螺母安装到丝杠上的间隙，轴向间隙一般调整到0.005 mm左右，若单个螺母的间隙太大，将会导致滚珠丝杠副的空回转量增大。调整轴向间隙的方法是更换滚珠，通常一个型号的滚珠都配备了范围从$-0.010 \sim +0.010$ mm的滚珠，每0.001 mm为一挡。以3.969 mm滚珠举例，供选配的滚珠为3.959、3.960、3.961、…3.979。

②滚珠螺母应在有效行程内运动，必须在行程两端配置限位，避免螺母越程脱离丝杠轴而使滚珠脱落。

③由于滚珠丝杠螺母副传动效率高，不能自锁，在用于垂直方向传动时，如部件质量未加平衡，则必须防止传动停止或电机失电后，因部件自重而产生的逆传动。防止逆传动的方法可采用蜗轮蜗杆传动机构、制动器等。

④丝杠轴线必须和与之配套导轨的轴线平行，机床两端轴承座的中心与螺母座的中心必须二点成一线。

⑤将滚珠丝杠螺母副在机床上安装时，不要将螺母从丝杠轴上卸下来。当必须卸下来时，要使用辅助套，否则装卸时滚珠有可能脱落。

⑥螺母装入螺母座安装孔时，要避免撞击和偏心。

⑦为防止切屑进入，磨损滚珠丝杠螺母副，可加装防护装置如折皱保护罩、螺旋钢带保护套等，将丝杠轴完全保护起来。另外，浮尘多时可在丝杠螺母两端增加防尘圈。

各零件装配好后需要进行综合检查，检查项目包括螺母外圆径向跳动、法兰安装面垂直度、丝杠轴端安装轴承外圆的跳动、轴承靠面的垂直度、连接螺纹、转矩、外观等。检查合格后涂润滑脂或防锈油。

三、直线滚动导轨安装调试的注意事项

直线滚动导轨副存在的水平方向和垂直方向的安装误差，会对运动精度、使用

寿命和附加摩擦3个方面产生影响。若安装误差过大，将形成滑块撬力，引起滚动体与滚道之间接触角变化，使摩擦力增大，导致寿命降低，并使刚性降低，进而影响到直线滚动导轨副的运动精度和性能稳定性。

安装直线滚动导轨应该注意以下几个方面：

①对于带有靠山面的导轨安装面来说，注意检查靠山面与安装面应以退刀槽隔开，并检查导轨倒角尺寸，以保证导轨侧基准面与安装基准面同时接触机床的靠山面和安装面。

②安装前注意清理、清洗导轨安装接触面，不能有毛刺、防锈油和表面微小变形，注意辨识导轨基准面。

③在保证导轨底面及侧基准面完全与床体安装面紧密贴合后，用螺钉预紧固，拧紧力不要过大；并且注意从中间开始按交叉顺序向两端逐步拧紧所有螺钉，然后进行精度检验和另一根轨道的安装。

④对于没有靠山面轨道的安装，首先使用床身上导轨安装面附近能作为基准的边或面，从一端开始找出导轨平行度，但要注意必须将2个滑块靠紧固定在检验用的平板上。其次以直线量块为基准，从导轨的一端开始，通过千分表，一边找出基准导轨侧面基准面的直线度，一边将螺钉紧固。

⑤安装成对导轨应根据导轨成对编号进行。编号末尾有"J"的为基准导轨。例如：36006009J为基准导轨，36006009为非基准导轨。

⑥接长导轨成对安装时，应注意接长处的编号，按编号接长导轨。

⑦对于精密滚动直线导轨等功能部件，若厂方在制造完成后已经进行了精度及滚动性能调试，则用户不得自行拆装，以免损失原有精度及灵活性。当用户需要将滑块拆离导轨时，为防止异物进入，请向厂方要求提供"过渡导轨"。

⑧安装时轻拿轻放，避免因磕碰而影响导轨的直线精度。

⑨不允许将滑块拆离导轨或超过行程又推回去。若因安装困难需要拆下滑块，则需使用引导轨。

第二节　数控机床液压系统的安装调试注意事项

一、清洗液压系统的注意事项

液压系统在制造、试验、使用和储存中都会受到污染，而清洗是清除污染，并使液压油、液压元件和管道等保持清洁的重要手段。在实际生产中，液压系统的清洗通常有主系统清洗和全系统清洗。全系统清洗是指对液压装置的整个回路进行清洗，在清洗前应将系统恢复到实际运转状态。清洗介质可用液压油，清洗时间一般为2~4h，特殊情况下也不超过24h，清洗效果以回路滤网上无杂质为标准。

清洗液压系统时的注意事项如下：

①液压系统清洗时，采用工作用的液压油或试车油。不能用煤油、汽油、酒精、蒸汽或其他液体，以防止液压元件、管路、油箱和密封件等受腐蚀。

②清洗过程中，液压泵运转和清洗介质加热同时进行。当清洗油液的温度为50～80℃时，系统内的橡胶渣较容易被除掉。

③清洗过程中，用非金属锤棒敲击油管，可连续敲击，也可不连续敲击，以利清除管路内的附着物。

④液压泵间歇运转有利于提高清洗效果，间歇时间一般为10～30min。

⑤在清洗油路的回路上，应装过滤器或滤网。刚开始清洗时，因杂质较多，可采用80目滤网，清洗后期改用150目以上的滤网。

⑥清洗时间根据系统复杂程度、过滤精度要求和污染程度等因素决定。

⑦为防止外界湿气引起锈蚀，清洗结束时，液压泵还要连续运转，直到温度恢复正常为止。

⑧清洗后要将回路内的清洗油排除干净。

二、安装液压件的注意事项

1. 安装油管的注意事项

①各接头要紧牢和密封好，吸油管不应漏气，不同连接材质采用合适力度，避免滑扣。

②吸油管道处应设置过滤器，并检查过滤器状态。

③回油管应插入油箱的油面以下，以防止飞溅泡沫和混入空气。

④电磁换向阀内的泄漏油液，必须单独为其设回油管，以防止泄漏回油时产生背压，避免阻碍阀芯运动。

⑤溢流阀回油口不许与液压泵的入口相接。

⑥全部管路应进行两次安装，第一次试装，第二次正式安装。试装后，拆下油管，用20%的硫酸或盐酸溶液酸洗，再用10%的苏打水中和，最后用温水清洗，待干燥后涂油进行二次安装。注意安装时清洁度的控制，不得有铁削、氧化皮、杂质等。

⑦液压系统管路连接完毕后，要做好各管路的就位固定，管路中不允许有死弯。

2. 安装液压元件时的注意事项

①在元件安装前，应将单件逐个进行清洁，首先要用清洁的低黏度液压油清洗，清洗过程中，一边冲洗一边用非金属锤棒（如胶皮槌）敲击，以利清除管路内的附着物，清洁后的元件油孔堵塞密封，并用清洁的软塑料布包装、包扎后待装。

②购买的元件应进行耐压值和流量等的确定。自制的重要元件应进行密封和耐压试验，由于液压系统的执行元件不在试装现场，所以密封和耐压试验需要制作必要的工装，对于试验压力，可取工作最高使用压力的1.5～2倍。试验时要分级进行，不要直接升到试验压力，每升1级检查1次。

③方向控制阀应保证轴线呈水平位置安装，以减少阀芯的运动附加力。

④板式元件安装时，要检查进、出油口处的密封圈是否合乎要求，安装前密封圈应突出安装平面，保证安装后有一定的压缩量，以防泄漏。

⑤板式元件安装时，固定螺钉的拧紧力要均匀，使元件的安装平面与元件底板平面能很好地接触。

3．安装液压泵时的注意事项

①液压泵传动轴与电动机驱动轴同轴度偏差小于0.02 mm，并在装配前进行复检，采用挠性联轴器连接，不允许产生轴向或径向载荷，以防泵轴受径向力过大，影响泵的正常运转。

②液压泵的旋转方向和进、出油口应按标识要求进行安装。

③各类液压泵的吸油高度一般要小于0.5 m。

三、液压系统调试的注意事项

由于液压传动平稳，便于实现频繁平稳的换向以及可以获得较大的力和力矩，且在较大范围内可以实现无级变速，因此在数控机床的主轴内、刀具自动夹紧与松开、主轴变速、换刀机械手、工作台交换、工作台分度等机构中得到了广泛应用。液压系统联机调试除按客户要求外，应遵守以下要求：

①系统加油前，整个系统必须清洗干净，液压油需过滤后才能加入油箱。注意新旧油不可混用，因为旧油中含有大量的固体颗粒、水分、胶质等杂质。

②启动前注意检查各类元件是否连接可靠，油箱中所注油品的名称、规格、型号及加油量是否满足技术要求。

③调试过程中，应保证拆装过程中液压元件的清洁，防止异物进入液压系统，造成液压系统故障。在调试过程中，长期不安装的液压元件，如各类油管、阀块及其他连接部位应用防尘堵塞等封牢。

④调试过程中要观察系统中泵、缸、阀等元件工作是否正常，有无泄漏，油压、油温、油位是否在允许值范围内。

⑤检查各油管连接处是否有渗漏现象；在制造厂已成套制造的部分，也应予以检查，防止由于运输中颠簸造成的油管连接处松动现象。

⑥压力的调整必须从低压开始逐步升压，禁止在高压状态下直接启动液压系统。

⑦调试过程顺序必须按工艺要求进行，有关液压管道按照设计和装配工艺要求合理连接。

四、包装与运输要求

①液压系统在运输之前，清洗之后，将各类油管、阀块及其他连接部位用防尘堵塞堵死，防止有灰尘或其他污物进入。

②运输中应采取适当的防护，防止沙尘或雨水进入。液压系统在运输中应采取固定措施，防止损坏元件。

③运输前，应将油箱内的油排出。

第三节　数控机床气动系统的安装调试注意事项

一、气动系统安装的注意事项

1. 安装的总体要求

①全面检查气动阀、电磁阀、气缸等气动系统元件的标签型号、参数规格，必须符合现场技术要求。

②检查气动阀、气缸、行程开关、电磁阀的线圈和电缆插座等，确保没有损伤。

③安装前应对无连接口密封的元件进行清洗，必要时要进行密封试验。如压缩空气中有杂质，在阀前管道上应加装过滤器。同时，必须保证高压气源没有杂质，否则，电磁阀的P口前必须加装过滤器。

④配管直径及气动设备（如空气过滤器、调压阀、油雾器、换向阀等）的口径应与气动执行元件的空气消耗量相匹配。若使用过细的配管或口径小的气动设备，则压力损失大，并且可能无法获得所需的输出。使用气口直径大一级的配管为宜。

⑤气动元件（空气过滤器、调压器、油雾器、方向切换阀等）应尽量安装在气动执行元件附近。

⑥气动元件体上箭头指示的方向应与高压气体的流动方向一致，把气动元件接口与管道连接上，并确保连接处的密封良好。

⑦必须保证高压气源的洁净度，以防堵塞电磁阀或气缸活塞。

⑧气动马达的润滑油应使用无添加剂透平油（ISO VG32）或同等产品；注油量以1分钟2滴左右为宜。

2. 电磁阀安装的注意事项

①把两位五通电磁阀（或三位五通电磁阀）的A、B口通过接管与气动阀或气缸口相连，P口与高压流体相连，R、S口接消声器（或直接）通大气，注意连接处，确保密封良好，电磁阀多采用排气节流方式安装。

②电磁阀的安装一般保持阀体水平，线圈垂直向上，以增长使用寿命。

③安装时，严禁把换向电磁阀的线圈、电磁管当作扳手使用。

④需要焊接连接时，避免高温传到气动阀的膜片、填料、电磁阀的线圈、膜片等处。

⑤在确认电源电压后，把电源的电缆线接在电磁阀的线圈插座中，线圈可根据需要接地保护。

⑥电磁阀线圈、插座、电磁管及连接部分，严禁击打碰撞，以免损坏。电磁阀露天安装时，必须加装保护罩，以延长使用时间。电磁阀在结冰场所重新工作时应加热处理，或设置保温措施。

⑦电磁阀线圈带电工作时，如发热较高，则应禁止使用，以防过热烧毁；实际电源电压不能超出规定范围。

3．气源供给装置安装的注意事项

①安装气动马达时，应注意防止轴前端作用弯曲载荷，以免造成动作不良。实际存在的径向载荷或轴向载荷，应在马达允许的载荷允许范围内。

②压缩空气供给一侧的空气过滤器应使用过滤度为40以下的滤芯。

③砂尘、铁屑等异物是造成气动设备故障的主要原因，进行配管前，应使用0.2 MPa压缩空气清洗管道内部，注意防止切屑、密封胶带的碎片、锈屑等进入通道内。

4．气缸安装的注意事项

①移动缸的中心线与负载作用力的中心线要同轴，否则将产生侧向力，使密封件加速磨损，活塞杆弯曲。

②气缸在垂直安装时，其输出压力较水平安装时减小，此值可参考相应厂家的产品样本。

③为保证气缸运动的平稳性，应采用出口节流方式进行单向节流阀的安装。

二、气动系统调试的注意事项

①气动马达在调试时，应在运转推荐的转速范围内。若在大幅超过最大输出时的转速下使用，会严重缩短气动马达的寿命。而若在低速旋转下使用，效率会变低。在高速下使用时，回路的构成应注意防止背压上升。

②压缩气体的工作压力、工作温度和黏度不得超出规定的范围。系统压力要调整适当，一般设定在0.5～0.6 MPa，并应低于外供气压。

③确认装置启动时，从低压缓慢升至供给压力，且装置动作顺畅。若气动执行元件输出速度超过最大输出速度，则可能会造成破损，因此务必检查输出速度。

④气缸上必须安装速度控制器，如单向节流阀等，以便从低速侧缓慢地调整至工作速度。

三、气动系统维护的注意事项

①拆卸或分解设备时，应采取防跌落和防失控措施，应将系统内的压缩空气排出，确认安全后再进行拆解。

②应定期进行气动系统的排水。

③应定期进行气动设备检查，发现异常应立即停止使用，并采取相应措施。

④气动阀拆卸前，必须排除空气缸中的高压气体，泄去阀门内介质的压力。

⑤电磁阀在拆卸前，必须切断电源、泄去高压气体的压力，以防人身、设备受到意外伤害。

第四节　数控机床数控系统的安装调试注意事项

数控系统信号电缆的连接包括数控装置与MDI/CRT单元、电气柜、机床控制面板、主轴伺服单元、进给伺服单元、检测装置反馈信号线的连接等，这些连接必须符合随机提供的连接手册的规定。

一、数控系统安装调试的注意事项

①数控机床地线的连接。良好的接地不仅对设备和人身的安全十分重要，同时能减少电气干扰，保证机床的正常运行。地线一般都采用辐射式接地法，即数控系统电气柜中的信号地、框架地、机床地等连接到公共接地点上，公共接地点再与大地相连。数控系统电气柜与强电柜之间的接地电缆要足够粗。

②数控系统元件的接线。在机床通电前，根据电路图连接各模块的电路，依次检查线路和各元器件的连接。重点检查变压器的初次级，开关电源的接线，继电器、接触器的线圈和触点的接线位置等。

③断电情况下的检测。三相电源对地电阻测量、相间电阻的测量；单相电源对地电阻的测量；24 V直流电源的对地电阻、两极电阻的测量。如果发现问题，在未解决之前，严禁机床通电试验。

④数控系统的引入电源检查。数控机床在通电之前要使用相序表，检查三相总开关上口引入电源线相序是否正确，还要将伺服电机与机械负载脱开，否则一旦伺服电机电源线相序接错，会出现"飞车"故障，极易产生机械碰撞，损坏机床。应在接通电源的同时，做好按压急停按钮的准备。

⑤数控系统的内设电源检查。在电气检查未发现问题的情况下，依次按下列顺序进行通电检测：接通三线电源总开关，检查电源是否正常，观察电压表，电源指示灯；依次接通各断路器，检查电压；检查开关电源（交流220 V转变为直流24 V）的输入及输出电压。如果发现问题，在未解决之前，严禁进行下一步试验。

⑥若上述各项均正常，则可进行NC启动，观察数控系统。一切正常后可输入机床系统参数、伺服系统参数，传入PLC程序。关闭机床，然后将伺服电机与机械负载连接，进行机械与电气联调。

二、电气接线注意事项

随着电子技术的发展，数控系统的集成度越来越高，其体积也越来越小，系统与外部设备之间的电缆连接使用了更多的串行通信接口。为此，在数控机床的电气设计过程中，数控系统对干扰的抑制就显得尤为重要，如果处理得不好，经常会发生数控系统和电动机反馈的异常报警。在机床电气设备完成装配之后，再处理这类问题就会非常困难，为了避免此类故障的发生，在机床设计时要求电气设计人员全方面考虑系统的布线、屏蔽和接地问题。同时，在进行机床的强电装配时，要严格按照设计的要求进行装配，从而提高数控系统的抗干扰能力，为数控机床可靠、安全地运行打下基础。

1. 数控系统电缆的分类和接地

在FANUC各系统的连接（硬件）说明书中，对数控系统所使用的电缆进行了分类，即分为A、B、C这3类。A类电缆是导通交流/直流动力电源的电缆，一般用作工作电压为380V/220V/110V的强电电器、接触器和电动机的动力电缆，它会对外界产生较强的电磁干扰，特别是电动机的动力电缆，对外界干扰很大。因此，A类电缆是数控系统中较强的干扰源。B类电缆用于导通以24 V电压信号为主的开关信号，这种电缆因为电压较A类电缆低，电流也较小，一般比A类电缆干扰小。C类电缆的电源工作负载是5 V，主要用作显示电缆、I/O-Link电缆、手轮电缆、主轴编码器电缆和电动机的反馈电缆。因为此类电缆在5V的逻辑电平下工作，并且工作信号的频率较高，极易受到干扰，所以在机床布线时要特别注意采取相应的屏蔽措施。

一台机床的总地线应该由接地板分别连接到机床床身、强电柜和操作面板3个部分上。控制系统单元、电源模块、主轴模块和伺服模块的地线端子，应该通过地线分别连接到设在强电柜中的地线板上，并与接地板相连。连接到操作面板的信号电缆都必须通过电缆卡子将C类电缆中的屏蔽线固定在电缆卡子支架上，屏蔽才能产生效果。

应该尽量避免将A、B、C这3类电缆混装于一个导线管内。如分装有困难，也应将B、C类电缆通过屏蔽板与A类电缆隔开。在FANUC系统中，每个单元均配有用于屏蔽的电缆卡子。在装配过程中，使用电缆卡子将B、C类电缆固定在支架上。

2. 浪涌吸收器的使用

为了防止来自电网的干扰，且在异常输入时起到保护作用，电源的输入应该设有保护措施，通常采用的保护装置是浪涌吸收器。浪涌吸收器包括两部分，一个为相间保护，另一个为线间保护。

浪涌吸收器除了能够吸收输入交流的干扰信号以外，还可以起到对电路的保护作用。当输入的电网电压超出浪涌吸收器的钳位电压时，会产生较大的电流，该电流即可使5A断路器断开，而输送到其他控制设备的电流随即被切断。

3. 伺服放大器和电动机反馈电缆的地线处理

FANUC伺服放大器与I系列系统间用光纤（FSSB）连接，大大减少了系统与伺服放大器之间的信号干扰。但是，由于伺服放大器和伺服电动机之间的反馈电缆仍然会受到干扰，还是容易造成伺服放大器和编码器的相关报警。所以，伺服放大器和电动机反馈电缆之间的接地处理非常重要。按照前面介绍的接地要求，将伺服放大器和电动机间的地线连接。

根据动力电缆与反馈电缆分开的原则，动力电缆和反馈电缆使用2个接地端子板FANUC提供的动力电缆为屏蔽电缆，也可以进行动力电缆屏蔽。电动机的接地线需从接地端子板上连接到电动机一侧，接地线铜芯截面积通常应大于1.2 mm^2。

当接地线出现问题时，FANUC的I系列产品通常会发出计数错误SV0367（count miss）、串行数据错误SV0368（serial data error）和数据传输错误SV0369（data trans error）伺服报警。当机床出现以上报警时，可以从抗干扰入手，采取上述措施能有效地减少干扰，提高系统抗干扰的能力。

4．导线捆扎处理

在配线过程中，通常将各类导线捆扎成圆形线束，线束的线扣节距应尽量均匀，导线线束的规定见表6-1。

表6-1　导线线束的规定

项目	线束直径D			
	5～10	10～20	20～30	30～40
捆扎带长度L_1	50	80	120	180
线扣节距L_2	50～100	100～150	150～200	200～300

线束内的导线超过30根时，允许加1根备用导线并在其两端头进行标记。标记采用回插的方式以防止脱落。线束在跨越活动门时，其导线数不应超过30根，超过30根时，应再分离出1束线束。

随着机床设备的智能化，遥感、遥测等技术越来越多地在机床设备中使用，绝缘导线的电磁兼容问题越来越突出。目前，电气回路配线已经不局限在一般绝缘导线，屏蔽导线也开始广泛地被采用。因此，在配线时应注意：

①不要将大电流的电源线与低频的信号线捆扎成1束。

②没有屏蔽措施的高频信号线不要与其他导线捆成1束。

③高电平信号线与低电平信号线不能捆扎在一起，也不能与其他导线捆扎在一起。

④高电平信号输入线与输出线不要捆扎在一起。

⑤直流主电路线不要与低电平信号线捆扎在一起。

⑥主回路线不要与信号屏蔽线捆扎在一起。

5．行线槽的安装与导线在行线槽内的布置

电气元件应与行线槽统一布局、合理安装、整体构思。与元器件的横平竖直要求相对应，行线槽的布置原则是每行元器件的上下都安放行线槽，整体配电板两边加装行线槽。当配电板过宽时，根据实际情况在配电板中间加装纵向行线槽。根据导线的粗细、根数多少选择合适的行线槽。导线布置后，不能使槽体变形，导线在

槽体内应舒展，不要相互交叉。允许导线有一定弯度，但不可捆扎，不可影响上槽盖。

第五节　数控机床机电联调的注意事项

在数控机床通电正常后，进行机械与电气联调时应注意：

①先在JOG方式下进行各坐标轴正、反向点动操作，待动作正确无误后，再在AUT0方式下试运行简单程序。

②主轴和进给轴试运行时，应先低速后高速，并进行正、反向试验。

③先按下超程保护开关，验证其保护作用的可靠性，然后再进行慢速的超程试验，验证超程撞块安装的正确性。

④待手动动作正确后，再完成各轴返参操作。各轴返参前应反向远离参考点一段距离，不要在参考点附近返参，以免找不到参考点。

⑤进行选刀试验时，先调空刀号，观察换刀动作正确与否，待正确无误后再交换真刀。

⑥自行编制一个工件加工程序，尽可能多地包括各种功能指令和辅助功能指令，位移尺寸以机床最大行程为限。同时进行程序的增加、删除和修改操作。最后，运行该程序观察机床工作是否正常。

第六节　数控机床安装环境的注意事项

一、工作环境的要求

为了保持稳定的数控机床加工精度，工作环境必须满足以下几个条件：

①稳定的机床基础。做机床基础时一定要将基础表面找平抹平。若基础表面不平整，机床调整时会增加不必要的麻烦。做机床基础的同时预埋好各种管道。

②适宜的环境温度，一般为10～30℃。

③空气流通、无尘、无油雾和金属粉末。

④适宜的湿度，不潮湿。

⑤电网满足数控机床正常运行所需总容量的要求，电压波动范围为85%～110%。

⑥良好的接地，接地电阻不大于4～7 n。

⑦抗干扰，远离强电磁干扰，如焊机、大型吊车、高中频设备等。

⑧远离振动源。为高精度数控机床做基础时，要有防震槽，防震槽中一定要填充砂子等。

二、数控机床就位的注意事项

按照工艺布局图，选择好机床在车间内的安装位置，然后按照机床厂家提供的机床基础图和外形图，按1：1比例进行现场实际放线工作，在车间地面上画出机床基础和外形轮廓。检查机床与周边设备、走道、设施等有无干涉，并注意桥式起重机的行程极限。若有干涉需将机床移位再重新放线，直至无干涉为止。

参考文献

[1] 刘进球. 机电设备安装工艺学 [M]. 北京：电子工业出版社，2001.

[2] 孙慧平，陈子珍，翟志永. 数控机床装配、调试与故障诊断 [M]. 北京：机械工业出版社，2011.

[3] 段性军. 机电设备使用与维护 [M]. 北京：北京航空航天大学出版社，2009.

[4] 李正桥. 污水处理厂除臭设备调试资源利用率的问题对策思考[J]. 区域治理，2019（51）：150-152.

[5] 陈杰. 机电设备安装调试与管理解析 [J]. 智能城市，2019，5（22）：199-200.

[6] 朱国辉. 探析火力发电厂电气安装调试的方法和要点 [J]. 新型工业化，2019，9（11）：46-49.

[7] 张少锋. 浅谈现代化水厂机电设备的安装及调试 [J]. 中小企业管理与科技（中旬刊），2019（11）：119-120.

[8] 李绍群. 电气设备安装调试中存在的问题与对策探讨 [J]. 门窗，2019（20）：235.

[9] 郝东升，李悦聪. 论机电一体化设备安装管理要点 [J]. 中国设备工程，2019（20）：26-28.

[10] 张春娜. 机电设备自动化调试技术研究 [J]. 电子元器件与信息技术，2019，3（10）：59-61.

[11] 李军. 机械维护修理与安装 [M]. 北京：化学工业出版社，2004.

[12] 池平. 电气调试中电子电路干扰问题分析 [J]. 科技经济导刊，2019，27（26）：98.

[13] 江以俊. 中职机电一体化设备组装与调试教学探索 [J]. 湖北农机化，2018（10）：20.

[14] 许方辉. 中职机电一体化设备组装与调试教学探索 [J]. 中等职业教育，2010（12）：61-63.

[15] 董鹏辉. 机电管理计算机工程化技术研究 [N]. 中国航空报，2017-04-08（006）.

[16] 季敏立. 机电一体化设备组装与调试中物料检测的方法探究 [J]. 太原城市职业技术学院学报，2016（07）：180-181.